艺术教育丛书

建筑艺术教育

张 敕　赵洪恩⊙著

杨恩寰　梅宝树　主编

人民出版社

丛 书 总 序

（一）

　　跨入 21 世纪的中国，为推进社会主义现代化建设事业，落实科教兴国战略，已把教育放在优先发展的基础地位；为培养社会主义事业的建设者和接班人，实施全面素质教育，又十分明确地把美育纳入社会主义教育方针中来，给予美育以应有的地位，终于使社会主义教育成为一种完全的教育。

　　实施美育或审美教育，其最根本的形式或主要的形式，就是艺术教育，因为艺术比其他事物的审美含量都充盈而集中。但是，艺术教育绝不等同于审美教育，把二者等同起来的观点，实是一种误解。艺术教育除了包含审美教育的内容、功能之外，还包含非审美教育的内容和功能。尽管有这样的不同，却都涉及全面素质教育。如果说德育、智育、体育、劳动教育涉及不同层面的素质教育，那么，艺术教育和审美教育却可以或可能涉及全面素质教育。就某一层面的素质教育而言，艺术教育和审美教育远不及德育、智育、体育、劳动教育那样突出、确定、深刻、有力；就全面的素质教育而言，德育、智育、体育、劳动教育又不及艺术教育和审美教育那样广泛、整合、融通，富有韵致。审美教育和艺术教育的优点和长处，表明它是全面素质教育不可或缺的一种教育方式。

所谓全面素质并非单指个体生理心理的先天特征，而应包含后天培养、训练所得的文化因素。素质包含了个体与群体先天素质和后天素养之所得，应包括：（1）身体素质指体质、体能、体魄以及身体力量运动的诸多特性；（2）心理素质指认识意志情感机能、品质及其特性；（3）知识经验（科学、文化、专业）；（4）价值理念（政治思想、道德观念、法制纪律、目标信念、价值取向、思想态度）；（5）实践操作（物质性和精神性的）；（6）人际交往。可见，素质教育涉及和指向的是个体和群体全面素质的培养、提高和发展。实现这样的素质教育，必须全面贯彻和执行社会主义教育方针，使受教育者在德、智、体、美、劳几个方面得到全面谐调的发展。毫无疑问，艺术教育在实现和落实素质教育的实践过程中，有其不可取代的作用。

艺术教育是以艺术为媒介的施教与受教双方共同参与运作的活动，其性质和功能都与艺术有关，确切地说，都受制于艺术本性。艺术作为创制意象的心灵活动，无论倾向再现还是倾向表现，其所构制的意象，作为心灵创造的世界，就不是实际的现实世界，而是一种虚拟的世界，想象世界，意象世界。就意象而言，艺术创造的世界，是对现实世界的超越，是非现实的。可以说，艺术就是一种意象活动，一种情感形式、情感符号、情感表象活动，借助一定的感性物质媒介，意象物态化而构成艺术品。无论是作为活动的艺术，还是作为产品的艺术，始终离不开"形式"、"象"，但这"形式"或"象"又不是无序的堆砌，而是有序的组合，构成一个有机整体。其基础和动力，就是情，情与象融合的中介就是理智的想象，即康德说的悟性与想像力的谐调活动；经由理智与想象中介组合而成的情感表象，就是意象。中西美学中的种种提法，"使情成体"，"缘情生梦"，日神精神与酒神精神、欲望在幻想中的满足等等，都涉及到意象这个艺术的核心问题。所以从美学上说，意象作为多种心理机能的创制，是感性与理性渗透融合统一的活动，有序而自由的活动，意象乃是艺术的审美本质。

从美学上说，意象活动构成艺术的本质，可以站得住，但是从艺术学上说，又不够，正如说艺术是社会生活的形象反映，从艺术社会学上可以成立，而从审美心理学上说又不完善一样。因为美学只涉及艺术的审美层面，如果只就这方面谈艺术，就构成所谓的纯艺术，艺术学中的形式主义、唯美主义，往往由此衍生而来。如果这样，艺术也就丧失了它对社会或心理的生活反映、评价和导向，丧失了它的本性。尽管艺术总是创制性的，却又总是反映性的，包容或融合着这样或那样的情欲观念内容，如情爱、伦理、政治、宗教等等。不管艺术以什么样的意象、形式、符号存在，它总渗透或融解着社会文化心理内容——情欲观念。艺术不等于意象（审美），还包含非审美的东西（情欲观念），正因为如此，艺术始终是审美（意象）与非审美（情欲观念）的统一，亦即审美超越性与非审美功利性的融合统一。艺术中非审美的东西始终渗透融解在审美意象之中，当然这种渗透、融解程度有时不同，却始终保持这种融解，因而艺术所传达、表现的非审美的东西，无论是情欲还是观念，始终是含蓄的，始终是隐显沉浮的，绝不是隐显两极。一旦非审美东西只显而不隐，或成为理性观念说教，或成为感性情欲宣泄，那也就不成其为艺术。

艺术这种本性决定艺术教育不同于一般生活，也不同于严格意义的知识教育、道德教育。艺术教育（性质）始终是审美与非审美的融合统一，超越与功利的融合统一，感性与理性的融合统一。因此，艺术教育就不能只讲感性不讲理性，只讲超越不讲功利，只讲审美不讲非审美。艺术教育功能，是多元而又整合的。诸如审美的、科学的、道德的、哲学的、政治的、经济的，以及生活的，总之，涉及人生的各个层面和人文社会的各个领域。根据艺术教育的性质，可以把其功能分为两大类：一类是审美功能；一类是非审美功能。而在实际活动中审美与非审美这两类功能是不可分离的，始终是融合在一起的，就是说非审美东西始终通过审美来实现，始终通过意象来传达表现的，总是具有非概念确定性、模糊性而意味深长。

艺术教育的非审美功能，涉及人生的诸多方面，如情爱的、科学的、伦理的、政治的等等，着重给予生活的满足、认知和教化，这种重功利的功能，尽管是采取想象的方式，却可以在心灵中发生影响和作用。艺术教育非审美功能所导致的效应是非常明显的，也是容易理解的，如给人以知识，给人以理想，给人以教喻，导致社会文明与进步，与德育、智育所给予的是一样的；由于其融解于审美之中而带有情感性、形象性，感染力、吸引力、渗透力似乎更强一些，其感性模糊性、不确定性正好与德育、智育的理性明确性、确定性互补。艺术教育的审美功能，亦即通过审美观照满足（适合）审美需要而引起的审美（自由超越）快乐所具有的功能，所导致的直接效应主要在于：通过审美观照（领悟、把玩、操作）可以培育、锻炼、提高审美能力，即自由把握和创造形式的能力，以及感官与心灵对意象的感悟与品味能力；感受和体验审美快乐，即超越性快乐，自由快乐，可以陶冶、塑造、提升人生境界，走向不断超越功利意识而逐步取得自由的审美境界，从而完善人性和文化心理结构，使之自由和谐全面发展。进而，必然发生延伸效应，导致身体、心性走向健康、自由、创造发展之路。审美关系到审美主体体态、动作、行为、举止的自由和谐，有助于自身自由均衡、富有活力的健康的发展。审美渗透融解于劳动生产活动，可以引导劳动活动摆脱实际功利的强制走上自由发展的道路，帮助劳动技术操作提高把握和创造形式的能力，促进技术的艺术（审美）化，可以改变劳动技术那单一的理性规范控制的操作方式转变为出自意愿的自觉自由的操作方式。审美可以开启理性思维模式转化为自由直观，由理性认知转化为自由创造，审美中那种感性与理性渗透融合、"可相容性"，正是理性走向感性的中介，为一般智力认知走向自由直观和创造能力开辟一个渠道。审美情感把道德引向与个体感性欲求的结合、融合，从而使道德"他律"化为"自律"即意志行为自由。正是审美的理性因素与道德情感相通，而审美的情感因素又牵动道德情感走向与个体感情融合，从而构成道德认知、道德行为转化为道德自由的中介。

可以肯定，艺术教育审美效应落实在个体身体和心理能力与境界方面，与非审美效应落实在个体知识经验、理念价值和实践操作方面共同构成个体全面素质的发展。

艺术教育效应远不限于个体素质的培养和陶冶，对群体素质的建构和培养作用也是巨大的，当然，艺术教育对个体素质教育，实际也构成了对群体素质教育的重要基础，二者是不可分开的。如果着眼于艺术教育对群体素质的陶冶和培育，确实又有其不同于对个体素质教育的内容和领域，要涉及社会理念、民族精神、科技、道德、制度、人际、风俗、宗教、器物等文化和文明素质，实际关系到社会文明建设与进步。艺术教育非审美效应对群体素质发展和提高的影响仍然比较容易理解，同时这种影响依然是得通过审美，所以就艺术教育的审美效应去谈对群体素质教育的作用，就显得十分必要。

艺术教育以其自由、超越的审美快乐使人们的情欲受到规范、节制和净化，从而陶冶和塑造人们一种超越的人生境界，赋予人们一种超脱精神，一种旷达的人生态度。假如一个群体、社会中人人都或多或少的具有这种超脱精神、审美态度，对待生活就可能不会时刻为单纯追求个人情欲与实际功利目的所困扰，就会减少乃至消除由追求情欲和功利目的的满足而带来的烦恼、焦虑、痛苦。对待别人，就会摆脱因利害计较而引起的人际关系的纠葛、矛盾、冲突以及诸多不和谐。对待工作，就会以工作本身为需要和目的，执著于工作本身的兴趣和乐趣，从而取得更大的绩效与成就。对待困难、艰险甚至不幸与灾难，就会不计利害得失，从容而自由选择自己的意志行为，知难而进，奋勇前行，显示一种无私无畏的精神。假如这种超脱精神、审美情怀融入群体道德意识和道德行为，可以净化行为中感性冲动的盲目性，走向与理性融合而自由自觉，随之而来的是群体行为的和谐、有序而自由。审美绝非对群体道德行为的干扰、破坏，而是对道德行为走向有序自由的一种催化与推动。超脱精神、审美情怀融入群团活动、组织行为、制度运作以及习俗礼仪，能够使情感有序而自由的交流，突破心理障碍，化解或淡化矛盾冲突，增强认同感，提高亲和力和凝聚力，在人际、组织、制度、习俗中发挥一种净化、交流、沟通、组织、导向功能，有助于社会稳定、有序而自由运行。

艺术教育以其自由把握和创造形式的审美观照，呈现为一个多样统一的意象世界。这种功能渗透或融入科学活动，有助于科学认识真理。审美把握事物形式的多样性，可以作为科学认知的起点，从多样化的现象中去寻找事物的因果秩序，审美把握形式的统一性，可以有助于科学直接认识真理的实在性，因为真理作为因果实在总与一定形式结构秩序（统一性）相关联。艺术审美与科学认识可以相融不悖。审美作为创造形式活动，培养和锻炼人们对形式的自由直观、操作和制造能力，融入或转化为技艺和技术，构成物质性的自由造型力量，从而实际创造一个审美的物质文化世界。现实广泛存在的器物，如生产工具、生活用品，乃至人文景观，大都是审美创造能力与活动渗入社会群体生产实践技术操作之中，把审美造型与实用目的融合起来制造的，从而以其悦人的造型为社会所接受、使用、交流、传播。

艺术教育审美效应落实在个体素质的陶冶和塑造，使个体素质走向全面谐调而自由的发展；落实在群体素质的陶冶与建构，使社会群体和谐有序而自由的发展，从而促进社会文明的建设和提高。

艺术教育如此重要，为适应普通高等学校开展艺术教育的需要，我们编写了《艺术教育丛书》。这套丛书由三个层面的内容组成。第一个层面艺术学，讲述艺术理论知识，第二个层面艺术教育学，讲述艺术教育理论、知识和方法，第三个层面门类艺术教育，讲述门类艺术教育实施的技术和方法。这三个层面显示一种从艺术理论到艺术教育实施、操作的走向。但总的说，三个层面的内容依然是一种理论、知识、方法的教育，尽管结合各种艺术进行，本质上仍然是一种知识教育。这种理论、知识、方法的教育，只是为艺术教育的实施运作做某种准备，使施教者和受教者对艺术教育有足够的理解，提高参与的自觉性，顺利地进入运作过程，绝不能以这种艺术教育理论知识方法的教育取代实际运作的艺术教育活动。

艺术教育，作为一种以艺术产品为媒介或手段施教与受教双方共同运作的活动，要求施教者创造、选择、运用艺术，充分发挥艺术教育功能，要求受教者自觉自由地接受艺术感染、陶冶、锻炼，实现艺术教育效应。自然，这样的艺术教育不仅要求施受双方自由平等共同参与运作，而且特别强调受教者在观照中领悟，在应对中操作，在反映中创造，无论是意念的还是动作的，不能一味静观，而要"游于艺"。那种只强调静观，或是只强调理论知识的艺术教育，均与这种活生生的操作性创造性的艺术教育相去甚远。

编写这套《艺术教育丛书》，就是为这样的艺术教育活动的实施操作做理论、知识、方法准备的，只是为开展艺术教育活动提供一般的理论原则、操作方法、运作模式。艺术教育的实际运作，仍需要有关领导、管理部门，特别是施教者，在实践中不断探索，不断创新，不断总结，使之形式灵活多样，而又适应全面素质教育要求。

杨恩寰

1999 年 10 月 28 日

（二）

《艺术教育丛书》第一辑出版时，我曾写了一个序，时过八年，《艺术教育丛书》第二辑又将出版，我又写了这个序。两个序前后承续，一个主题，就是对艺术教育的宗旨做陈述，把大学生个体素质和群体素质的全面均衡发展做为艺术教育实施的目标，前一个序突出艺术教育对素质教育的价值意义，而艺术教育对人生教育的价值意义虽有涉及，却谈论得并不充分。所以在写这个序时，就想就艺术教育能为人生教育提供哪些思想文化资源这个问题做一个补充性的续写。

解决人生问题，要靠人生实践，靠健康、合理、可行的理念指引的伟大的物质生产实践，不过人生教育也是不可或缺的。艺术教育作为人生教育的一种方式，也是必要的。因为艺术就是人的生存、生活的一种方式。艺术教育指向人生进行教育，应是题中应有之义。

艺术教育提供和传播一种生存理念和生活理想，指引人生为什么而生存、为什么而生活，展现一种人生愿景，培养人生信念和追求目标。艺术所提供和传播的生存理念和生活理想，必然是意象性的，就是说，是经过艺术技巧处理制作，融情感与观念于一体的符号体系，涉及或包容人生许多层面，如欲望、情感、知识、科学、道德、伦理、宗教、哲理、技术、艺术、审美、心理、行为、操作、实践等等，概言之，是功利与超越、感性与理性、心理与行为的交融而成的有机整体。因而这种人生理念、理想，作为艺术意象，给予受众提供的必然是一幅人生图景，丰富多彩而又谐调有序，培育的是人生的认同感、凝聚力、共同的生存理念和理想，从而有助于和谐文化与和谐社会的构建，同时又必然塑造富有个性、创造性、自由性的生存理念和理想，从而又有助于创新型社会的建设。

艺术教育提供、传播和塑造一种艺术审美境界，作为暂时摆脱日常生活欲求而出现的一种内在心灵的自由状态，一种超越性的情感愉快体验，外显为一种审美态度。具有这种审美境界，可以净化人生私欲，使心灵澄明，能够以淡泊、旷达的心态、精神、情怀去对待人生苦难、不幸以及生死计虑，从而产生一种遇险不惊、从容以对、知难而进、无畏进取的创新精神。超越私欲、私利才能无畏。无畏才能进取创造，显示并高扬一种积极、乐观、进取、创造的精神。就这个意义说，艺术教育为人生、人的生存和生活提供一种可自由选择的富于进取、创造、乐观的精神家园。

艺术教育提供、传播、培养和锻炼一种艺术自由造型能力，给予人的不只是生命内在心灵对形式的自由观照和把握，而且是生命外显行为操作对形式的适应、选择和创造。如果这种艺术创造力，融入人生的实践造型活动，构成人生所特有的伟大实践自由的造型力量，那么就会提高自由造型的质量，丰富提高产品的技术、艺术、审美的含量，从而取得产品更大的经济效益和社会效益。

艺术教育所提供、传播、培育的审美精神、情怀以及操作技巧，完全可以渗入、融合到日常生活和事业活动中去，淡化或净化日常生活和事业活动的个体私利欲求，去观照、把握日常生活和事业活动本真存在的形式秩序，并自由创造一种符合生活、事业本真秩序结构的活动形式，以消解生活、事业与艺术、审美之间的界限，实现日常生活、事业活动的审美化、艺术化。超越的审美情怀和自由造型的艺术技巧，是构成生活、事业审美化、艺术化的两个重要因素，而艺术教育恰是培育这两个因素不可或缺的途径和方式。

以上几点，是我编写《艺术教育丛书》过程中不断思考之所得，做为总序（一）的补充，续写在这里，供读者参考。

杨恩寰

2007 年 12 月 19 日

目录

导 言
DAOYAN

　　最近闭幕的党的十七大再次明确提出构建社会主义和谐社会的目标。构建和谐社会的根本是培养和谐的人；培养和谐的人必须通过素质教育的途径来实现；而艺术教育则是素质教育不可分割的有机组成部分。《中共中央国务院关于深化教育改革全面推进素质教育的决定》中规定："高等学校应要求学生选修一定学时的包括艺术在内的人文学科课程。开展丰富多彩的课外文化艺术活动，增强学生的审美体验，培养学生欣赏美和创造美的能力。"为贯彻中央《决定》，时任教育部长的陈至立同志指出，加强学校艺术教育是深化教育改革，全面推进素质教育，培养面向21世纪高素质人才对我们提出的重要任务和迫切要求。

　　社会和谐离不开人的和谐。人是社会的主体，"是全部人类活动和全部人类关系的本质"。①人与人、人与社会、人与自然的和

———————————————————
① 《马克思恩格斯全集》（第20卷），人民出版社1971年版，第119页。

谐最终都需通过人自身的和谐来实现。所谓"和谐的人"，也就是马克思所说的"完整的人"，或者"全面发展的人"。这样的人，是"以一种全面的方式，也就是说，作为一个完整的人，把自己全面的本质据为己有。"未来社会"是人向自己作为社会的即人性的人的复归，这个复归是完全的，是自觉地保留了发展中所得到的全部丰富性的。……它是人和自然以及人和人之间对抗的真正解决，是存在和本质、对象化和自我肯定、自由和必然、个体和族类之间抗争的真正解决。"①在那里，异常丰富、充分发展的个性本身，成为人与自然、人与社会之间的高度统一体；到那时，"每个人的自由发展是一切人的自由发展的条件。"②

　　早在200多年前，席勒就已看到艺术教育在完善人性和改造社会中的巨大作用。他指出："通过既有生活又有形象的艺术培养人的美的心灵和健全的人性，然后才能克服当前社会的腐朽与粗野，以及现代人的分裂现象，为将来全人类的和谐作准备。③即使在当代西方，艺术和审美也被许多思想家当作抵制现代工业文明弊端的武器。海德格尔、弗洛姆、卡西尔、荣格、马尔库塞、阿多诺、杜夫海纳等都极力强调美和艺术的拯救力量，力图通过艺术教育治疗现代人的灵魂，促使现代人在美的理想中获得精神的超越和解放。卡西尔说："正是审美经验的这一特性，才使艺术成为人文教育体系的一个不可分离的组成部分，艺术是一条通向自由之路，是人类心智解放的过程。而人类心智的解放则又是一切教育的真正的终极目标。"④马尔库塞认为，艺术和审美是通向主体解放的道路，它们能够使人格从沉沦和压抑中解放出来，建立一种新的和谐，恢复人格的自主权、独立性和自由精神。

　　可见，艺术教育的直接功能和效应在于培养和谐的人，而和谐的人是和谐社会的实质和基础。艺术教育正是通过培养和谐的

---

① 马克思：《1884年经济哲学—哲学手稿》，人民出版社1979年版，第73、77页。
② 《马克思恩格斯全集》（第1卷），人民出版社1971年版，第273页。
③ 转引自王东、吴效刚：《席勒美育思想的现代意义》，载《江海学刊》2006年，第6期。
④ 转引自徐恒醇：《大学生审美导论·序》，天津人民出版社1996年版。

人来促进人与人、人与社会、人与自然的和谐，从而为构建和谐社会发挥其特有的作用。

建筑艺术教育是艺术教育的一个门类、一个分支。随着素质教育这一崭新教育理念的提出和国家对素质教育的高度重视，作为素质教育有机组成部分的艺术教育迎来了阳光明媚的春天；作为艺术教育分支的建筑艺术教育也姗姗来迟地进入了人们的视野并日益展示出它的强大功能和效应。

首先，建筑艺术教育能培养受教者欣赏美和创造美的能力。建筑艺术是视觉艺术，也是空间艺术，建筑艺术教育在培养训练感受形式美的眼睛从而提高受教者的审美感受能力和审美想象能力方面有其独特的优势，是其他教育所难以取代的。在建筑艺术教育中，审美主体处于自由状态，个性得以充分展开，想象得以广阔驰骋，这就为个性的发展和创造能力的增强提供了最佳途径。它促进审美心理结构的形成，从而有效地推动审美能力和创造美的能力的提升。

其次，建筑艺术教育具有"储善"、"启真"等功能，有助于培养"完整的人"，从而实现人的全面发展。李泽厚说："自由审美可以成为自由直观（认知）、自由意志（道德）的钥匙。"①在建筑艺术教育中，借助于充满和渗透着和谐因素和崇高精神的教育媒介，有目的地引导受教者进入媒介所提供的情境之中去感受、领悟、体验、操作，就会使受教者的个体性情感得到净化和提升，获得普遍必然性形式，转变为自由超越的情感。在这个过程中，感性认知因素发展转变为自由和谐地把握、理解和创造形式的能力，感性欲求转变为超功利的自由人生态度，升华为对真善美的理想和追求，最终建构起创造、超越、自由的人生，达到人性的自由完善、个体的全面发展。

第三，建筑艺术教育能够调节人与人、人与社会、人与自然的关系，从而促进和谐社会的构建。建筑艺术教育能有效地沟通人们的心灵，使人与人、人与社会的关系和谐有序。它培养自由

---

① 《李泽厚哲学美学文选》，湖南人民出版社1985年版，第176页。

超越的人生态度，使人顺畅地融入群体。建筑艺术品作为一种超越任何个体的中介物，能使不同的个体相互认同，进而发自内心地自觉自愿地聚合为群体，并在群体中和谐相处。在对建筑艺术教育媒介的共同体验的情境下，使自己的自我和他人的自我的界限在情感中消失，使一个精神的存在与另一个精神的存在一致起来，这就表明个体踏上了通往他人、通往群体和全人类心灵的道路。

建筑艺术教育培养和涵育人与自然的亲切情感，促进人与自然的和谐统一。人与自然本来是统一的，即中国传统哲学所说的"天人合一"。随着技术的进步和人类对自然的改造，这种原初的统一遭到割裂。通过实施建筑艺术教育，可以使这种遭到割裂的原初统一得以重建。建筑艺术教育能使受教者从个体性的需要、情感中超脱出来，以普遍的同情来对待自然、而不是单方面的对自然的改造和索取，从而实现人与自然的和谐。当实现了人自身、人与人、人与社会、人与自然的和谐的时候，"人终于成为自己的社会结合的主人，从而也就成为自然界的主人，成为自己本身的主人——自由的人。"①也就是进入了和谐社会。

建筑艺术在人类历史上产生很早，恩格斯说，早在原始时期就已有了"作为艺术的建筑的萌芽了"。黑格尔指出："就存在或出现的次第来说，建筑也是一门最早的艺术。"②可见，建筑艺术是一种最古老的艺术形式，是最早进入艺术行列的一个门类。然而，建筑艺术教育则是另一番情景。它是一个全新的课题，是一个刚刚被开垦的处女地。我们现在建设的学科不是建筑，也不是建筑艺术，而是建筑艺术教育，其着眼点在教育，在审美素质教育。我们研究的视点是从审美素质教育的角度比较系统地梳理和把握建筑艺术对象，这在前人还是较少涉及的的。遍查中外文献，有关建筑艺术教育的文字记述犹如凤毛麟角，可资参考的资料少之又少，特别在国内更是如此。因此，这一课题对我们来讲，

① 《马克思恩格斯全集》（第3卷），人民出版社1995年版，第443页。
② 黑格尔：《美学》第3卷上册，商务印书馆1981年版，第911页。

不能不说是一个严峻的挑战。建筑艺术教育作艺术教育的分支学科建设，才刚刚起步，其中的困难是显而易见的。本书作为《艺术教育丛书》的选题之一，仅仅是在这方面的一个尝试。这个尝试是否成功，只能付诸实践检验。我们对本书所期许的不过是为本学科建设道路提供一块铺路石子而已。

作者

2007 年 10 月 28 日

第一章　建筑艺术教育引论

JIANZHU YISHU JIAOYU YINLUN

　　建筑作为人类生存空间的艺术，是最早进入艺术行列的一种，因而是历史上最古老的艺术形式。黑格尔指出："就存在或出现的次第来说，建筑也是一门最早的艺术。"[①]车尔尼雪夫斯基也说过："艺术的序列通常从建筑开始，因为在人类所有各种多少带有实际目的的活动中，只有建筑活动有权利被提高到艺术的地位。"[②]

　　随着建筑艺术的产生，也便产生了建筑艺术的教育活动。但是，有关建筑艺术教育的文字记述却如凤毛麟角，少之又少，特别是在国内更是如此。随着素质教育的提出、推进和深入发展，建筑艺术教育才渐渐进入人们的视野，才被作为艺术教育的一个分支进行建设。本书作为《艺术教育丛书》中的一种，也只是在这方面的一个尝试。本章是全书的引论，主要讨论建筑艺术教育

---

① 黑格尔：《美学》第3卷上册，商务印书馆1981年版，第61—62页。
② 转引自李思德：《中外艺术辞典》，山东文艺出版社1991年版，第911页。

的含义与构成、建筑艺术教育的性质与特点、建筑艺术教育学科
内容的范围、建筑艺术教育的原则与方法等等。

一、建筑艺术教育的含义与构成

探讨建筑艺术教育的问题，首先必须界定建筑艺术教育这个
中心范畴，搞清建筑艺术教育的含义与构成要素。

1. 建筑艺术教育的含义

顾名思义，建筑艺术教育是以建筑艺术作为媒介的教育实践
活动。建筑艺术教育的媒介是建筑艺术作品，这种媒介既不同于
非艺术教育的媒介，如智力教育的科学原理、定义、定理、规律、
方法或道德教育的行为规范、准则，也不同于其他艺术教育中的
媒介，如音乐、舞蹈、绘画、雕塑、书法、戏剧等教育媒介，而
是直接诉诸视觉、触觉的三维空间的可供人类栖居的建筑艺术作
品。

界定建筑艺术教育的概念，明确它的含义，关键在于分清与
之相关概念的联系和区别。

首先，建筑艺术教育不同于建筑艺术。建筑艺术是艺术这个
庞大体系中的一个门类，是通过建筑物的形体和结构方式，内外
空间结合，建筑群组织以及色彩、装饰等方面的审美处理所形成
的一种实用艺术。对建筑艺术的研究，包括建筑组群规划、建筑
形体组合、平面布局、立面处理、结构造型、内外空间组织及装
修、材料、色彩、建筑物的特点、功能、价值、风格、流派以及
与其他艺术门类的关系等等。总之，紧紧围绕建筑艺术自身展开，
以求对这一艺术形式全面了解和深入把握。建筑艺术教育则重在
教育而不在建筑艺术本身。建筑艺术及其作品只不过是建筑艺术
教育的手段和媒介。通过它使受教者不仅得到建筑艺术的理念、
知识和技能，而更重要的是得到审美感受，提高审美能力和素质，
陶冶性情，净化心灵。

其次，建筑艺术教育不同于建筑教育。建筑不等同于建筑艺
术。建筑既具有科学技术性质，又具有艺术性质。作为科学技术，
它是一门研究设计与建造建筑物的学科，其主要内容是研究建筑

功能、物质技术，包括建筑材料、结构、设计、施工等，研究建筑设计方法以及如何运用建筑结构、施工、材料、设备等方面的科学技术成就，建造反映时代面貌、适应生产生活需要的建筑物。作为艺术，它又是一门以建筑为载体，既具有实用属性又具有审美属性的实用艺术门类。由此可见，建筑包含建筑艺术，但不等于建筑艺术。既然如此，建筑艺术教育显然不同于建筑教育。建筑教育不仅包括建筑艺术教育，而且还包括建筑科学技术教育，甚至侧重于建筑理论知识、技能技法，包括建筑材料、结构、设计、施工等科学技术层面的教育。这与侧重于提高审美能力、审美素质、陶冶情操等审美层面的建筑艺术教育是截然不同的。

最后，建筑艺术教育也不等同于建筑审美教育。建筑艺术教育重视审美教育，甚至把审美教育作为建筑艺术教育的核心，但是建筑艺术教育不限于建筑审美教育。从两者的目的和功能看，建筑艺术教育比建筑审美教育更广泛，更宽阔，它包含建筑审美教育的功能，但不仅限于这种功能，还包括更为广泛的教育功能，如传授建筑艺术历史和理论知识、进行建筑艺术技能训练、培养建筑艺术设计人员等非审美教育功能。我们所理解的建筑艺术教育，是以建筑为媒介或载体，施教者与受教者双向互动的活动，特别强调徜徉于建筑艺术之中，在自由自觉地接受建筑艺术的熏陶、感染的过程中，在对建筑艺术的观照、领悟与创制中，发挥建筑艺术教育的多种功能，实现建筑艺术教育的多重效应。

综上所述，建筑艺术教育是以建筑艺术作品为媒介和载体，通过艺术体验和领悟，培养审美能力和素质以及其他相关能力和素质的教育活动。

2.建筑艺术教育的构成要素

建筑艺术教育的基本结构是由施教者、受教者和教育媒介这三个要素组成的。

（1）施教者

施教者是创造、提供、选择和运用建筑艺术教育媒介，组织、引导受教者参加建筑艺术教育活动，使受教者产生建筑艺术教育效应的主体。施教者是建筑艺术教育活动的组织者，是建筑艺

教育活动中的主导因素。

施教者有广义与狭义两种含义。广义的施教者既包括创造和提供建筑艺术教育媒介的建筑师、设计工作者等，也包括选择和运用建筑艺术媒介进行教育活动的政府部门、单位、社会团体、学校教师以及各类教育机构、文化机构中从事建筑艺术教育活动的工作者；狭义的施教者专指从事学校建筑艺术教育活动的教师，包括专业教师和非专业教师。本书从狭义的角度使用施教者一词，即专指从事学校建筑艺术教育活动的教师。

建筑艺术教师是实施建筑艺术教育的主要力量和基本依靠对象。教育的成效在很大程度上是由教师决定的。列宁说："学校的真正的性质和方向并不由地方组织的良好愿望决定，不由学生'委员会'的决议决定，也不由'教学大纲'等等决定，而是由教学人员决定的。"[1]在建筑艺术教育中，施教者必须具备艺术教育的眼光，本着高度负责的精神，创造、提供、选择和运用具有教育价值的媒介和工具，进行教育活动。施教者继承了人类文化艺术的精华，把它传授给受教者。作为承接过去、创造未来的桥梁和纽带，施教者的素质、品格和能力是决定建筑艺术教育成效大小的关键。

4

施教者首先应具备较高的建筑艺术修养。要具有尽可能广博扎实的建筑艺术理论知识与技能储备，要具有其他艺术门类以及哲学、历史、宗教、美学等人文社会科学知识修养，还要具备数学、物理学、环境科学、建筑科学与工程技术等方面的知识积累。其次，施教者还应具备高尚的思想品格和道德情操，具有健康的审美趣味、审美理想和审美观念，具有良好的心理品质、民主教风和严谨的教学态度。再次，作为教师，还要具备较高的教育学修养。具有实施建筑艺术教育的教学艺术，能够通过适当的方式、方法和途径，合理有效地实现教育目标。只有这样，才能承担起建筑艺术教育施教者的责任，充分发挥主导者、组织者的作用，保证建筑艺术教育的顺利实施和高效运行。

---

① 《列宁全集》第45卷，人民出版社1990年版，第253—254页。

总之，施教者在建筑艺术教育中的作用是至关重要的。根据教育者首先受教育的原则，一个优秀的建筑艺术教师必须注重自身多方面的修养，不断完善自己，才能肩负起教育他人的光荣而神圣的使命。

(2) 受教者

受教者是指建筑艺术教育的对象，是接受建筑艺术教育的客体。由于建筑艺术教育是施教者和受教者双向交流的活动，受教者也是教育的参与者，所以受教者也是建筑艺术教育的主体。

建筑艺术教育的效应，最终要落实在受教者身上，使受教者成为具有一定的建筑艺术知识、技能和境界，健康、正确的建筑艺术审美趣味和观念，高尚、完善的品格情操和综合素质的个体。为此，在教育过程中，必须充分了解受教者的具体情况，引导他们采取正确、饱满的受教态度，积极主动、轻松活泼地接受教育媒介的影响，朝着教育目标的方向发展。

受教者不是一块等待施教者去书写的白板，而是有情感、有思想、有爱好、有期望的活生生的个体。他们在受教过程中不是被动地接受，而是主动参与和创造，相对于教育媒介来说，他们又是主体，在受教中包含着自己的情感和体验，有自己的感受和理解。因而，建筑艺术教育应根据自身的特殊规律，尊重受教者个人的艺术感受和理解，不能像其他教育那样要求受教者。

建筑艺术教育的受教者也有广义和狭义之分。广义的受教者包括所有的人，从幼儿园的娃娃到大学生乃至离退休人员。因为每个人从生到死都要在各式各样的建筑中生活，都要接受建筑艺术的洗礼，古今中外，男女老少，概莫能外。狭义的受教者是指接受建筑艺术教育的、不同年龄阶段的学生。这些学生包括两类：一是大中专院校建筑专业的在校生、社会上各类建筑专业短训班的学员，这种教育主要以建筑知识、技能、艺术设计的掌握为目的；二是开设建筑艺术教育课程的非建筑、非艺术类专业的学生，以提高受教者的综合素质为目的。

作为建筑艺术教育的受教者，首先需要有尽可能广泛的知识涉猎和积累。建筑艺术是一门科学技术与艺术审美有机结合的比

较复杂的实用性综合艺术，要想深入理解和掌握它，需要具备多方面的知识和能力。这就不仅要求施教者具有尽可能广博的知识储备，而且受教者也需要有广泛的知识涉猎和积累，包括科学技术知识、人文社会科学知识以及各类艺术和审美知识与相关技能。

其次需要积极参与和投入。建筑艺术教育是施教者与受教者共同完成的活动，需要双方相互协作，发挥双方的积极性，因此，受教者不应只是消极被动地接受，而应该积极主动地参与和投入。从现代教育观念来看，任何教育都不是施教者和受教者双方简单地灌输和机械地接受，没有受教者的积极响应、参与和投入的教育是无效的教育。对于建筑艺术教育来说，则尤其如此。建筑艺术教育是施教者和受教者双方面对面的符号互动过程，在这个过程中双方进行信息交流和传播、相互理解和激发，共同促进，共同提高。因此，要坚决从以施教者的灌输为中心转移到以受教者的活动为中心上来，必须真正确立学生的主体地位。这样，施受教双方不再是控制与被控制、灌输与被灌输的关系，而是平等对话的双向交流关系，教师的职责主要是创造一种良好的氛围，调动学生在这种宽松而有序的环境中自由自主地发展。强调要把受教者的直接感知和亲身体验置于优先地位，将强行灌输的"填鸭式"教育方式转变为从受教者自我感知入手的"自助餐式"的教育方式。

（3）教育媒介

建筑艺术教育媒介是被用来实施教育的建筑艺术品。它是施教者和受教者的中介环节，在建筑艺术教育活动中是不可缺少的因素，占有重要地位。在建筑艺术教育活动中，施教者与受教者之间的反馈和调控作用，主要是通过教育媒介来进行的。反馈与调控的好坏，直接关系着建筑艺术教育的成效。可以说，它既是建筑艺术教育的中介因素，又是反馈和调控的手段、工具。不依靠教育媒介，施教者和受教者就无法发生联系，也就无所谓教育过程。任何建筑艺术教育离开了教育媒介，都将是空洞乏味的，都不可能产生实际效果。因此，在建筑艺术教育中，施教者必须根据教育的目的对媒介加以选择、运用、变换、调整，把针对性和灵活性结合起来，选择最有价值的媒介来进行教育活动。

　　建筑是以石头、砖瓦、木料等材料书写的历史，是各个不同时代精神的凝结。那些体现了一定时代审美意识的建筑，如宫殿、陵墓、教堂、寺庙、纪念碑、宅第、园林等，体现着一定时代的理想、情趣和精神面貌，包含着深刻的历史意蕴，把历史凝固下来展示给后人。在建筑艺术的欣赏中，受教者置身于历史的特定氛围，能够体察到它所代表的时代精神。如古希腊帕提侬神庙庄重、明快、呈规整的几何结构，细部变化多端，柱石肃立挺拔，观者从中可以体察到古希腊人文精神的高贵的单纯和静穆的伟大。

　　在教育媒介的选择和运用上，应当坚持"取法乎上"的原则。中国古语说："取法乎上，仅得其中。"因此，必须选择最好的作品作为媒介。所谓最好的作品，是指已有定评的最高水平的作品。这类作品蕴含丰富、信息量大，人们可以从中得到更多的东西。歌德说："鉴赏力不是靠中等作品，而是靠观赏最好的作品才能培育成——所以我让你看这好的作品，等你在最好的作品中打下了牢固的基础，你有了用来衡量其他作品的标准，估价不至于过高，而是恰如其分。"①我国宋代诗学家严羽提出了"入门须正，立志须高"的观点，强调"学其上仅得其中；学其中，斯为下矣。"②这些见解无疑是符合教育规律的至理名言，对建筑艺术教育则尤其珍贵。

　　总而言之，建筑艺术教育作为一种系统结构，是由施教者、受教者和教育媒介（建筑艺术品）三个要素组成的。但三者不是简单地机械地相加，而是以教育媒体为中介，施教者与受教者有机结合的动态结构，三者组成一个建筑艺术教育的反馈调控系统。建筑艺术教育的系统结构不是孤立的、静止的，随着教育水平和层次的不断提升而不断变化发展。建筑艺术教育是开放的系统，而不是封闭的结构。

---

① 转引自韩盼山：《书法艺术教育》，人民出版社2001年版，第11—12页。
② 严羽：《沧浪诗话·诗辨》。

建筑艺术教育引论
7
建
筑
1

二、建筑艺术教育的性质与特点

了解和把握建筑艺术教育的性质和特点，对我们正确和有效地实施建筑艺术教育具有重要意义。下面对建筑艺术教育的性质和特点分别加以分析。

1.建筑艺术教育的性质

建筑艺术教育的性质可归纳为以下几点：

（1）建筑艺术教育属于素质教育

建筑艺术教育是艺术教育的一部分，是对学生进行素质教育的手段和途径。这一性质决定了学校建筑艺术教育必须面向全体学生，将建筑艺术教育作为对学生实施全面素质教育的重要内容。面向全体学生是保证建筑艺术教育不背离素质教育性质的关键性因素。

正确、有效地实施建筑艺术教育，必须处理好人的发展目标与知识技能目标的关系。人的发展目标具有终极的意义，它是建筑艺术教育的最高目标。任何教育的目标都包括两个层次，一是知识技能目标，二是人的发展目标。前者比较狭隘，指向专业素质；后者宽泛，指向综合素质。二者也有密切的关系，知识技能目标相对于人的发展目标而言又是一种手段，也就是说，必须在实现知识技能目标的过程中增强人的综合素质。所以，任何一种专业素质都参与综合素质的构建，但不能取代综合素质。一方面不能否定专业知识技能，否则便失去学科意义；另一方面又不能搞成专业教育，那样势必背离素质教育的精神。因此，搞好建筑艺术教育的基本要求之一，是要把培养学生的综合素质与建筑艺术知识技能有机地结合起来，使建筑艺术知识技能成为构建人的综合素质的积极因素。简言之，正确的做法是"游于艺"，而不是"专"于艺。

（2）以审美为核心的教育

建筑艺术教育的目标，包括多方面的内容：涉及认知领域的，有建筑艺术理论和历史知识的掌握；涉及技能领域的，有建筑艺术设计等基本技能、技法的驾驭；涉及意识形态领域的，有当代建筑观念的树立；涉及审美领域的，有审美趣味、审美能力、审美素质、审美境界的培养等等。在建筑艺术教育所有这些目标内容中，其核心是审美，换言之，建筑艺术教育的核心是审美教育，即美育。美育是施教者通过审美媒介陶冶感染受教者，使之在自由愉快中完善审美心理结构和理想人格的教育。它的内涵既有感受美、创造美等能力的培养，更有自我完善、精神超越等高层次的追求。这就是说，它除了培养提高受教者的审美感受能力、鉴赏能力、创造能力和把握形式的能力外，还担负着培养、构建审美心理结构、塑造全面发展的完美人格的使命。

一般说来，面向全体学生的建筑艺术教育不是培养建筑师或艺术设计师，而是使受教育者受到建筑艺术美的陶冶，提高审美素质，进而完善综合素质。就专业的艺术学习而言，即使专业的建筑艺术教育，其中审美教育的功能也是不容忽视的。任何艺术都不是单纯的艺术，只不过是美的具体表现形式，没有对该形式本质上的美的认识和把握，是不可能真正精通这一艺术的。因此，即便专业的建筑艺术教育，如果忽视了审美教育，也不可能培养出造诣高深的建筑艺术专门人才。

（3）观照与操作相结合的教育

建筑艺术教育的方式不只是静观，而且包括参与建筑艺术实践活动，是观照和操作的统一。观照是指对建筑艺术教育媒介所表达的情感和意象的观照，它包括对建筑艺术的欣赏和评价；操作属于实践性的方面，包括对建筑艺术媒介的把握与创造。观照与操作的结合，意味着受教者在观照中要积极参与建筑艺术实践活动。

建筑艺术教育强调审美观照和操作的统一，通过操作来深化观照，深入建筑艺术作品的内部，洞悉其媒介、意蕴以及它们之间的关系等。应注意在操作过程中对属于观照方面的空间感受力和视觉想象力的培养，从建筑物的空间、形体、色彩、光影、质感、装饰等方面去考虑，也要从该建筑物的设计构图是否恰当、尺度比例是否正确、意境表达是否优美等方面去分析，还要从诸如对称均衡、调和对比、节奏韵律、多样统一等形式美法则的运用上去衡量。

建筑艺术教育引论

建

筑

1

观照，或称审美观照，可以打开建筑艺术审美的通道。有了它，才会有对建筑艺术由表层到深层的领悟，并逐渐进入审美的最高境界。刘勰说："操千曲而后晓声，观千剑而后识器；故圆照之象，务先博观"①，讲的正是这个道理。艺术不是现实的机械摹写，艺术品是基于艺术家的审美能力和表现水平从现实中升华出来的。从这个意义上说，观照也是一种评判能力，评判能力影响着人对艺术的选择、控制。只有当一个人的观照能力达到一定的水平时，他才能发现更高的艺术境界，确立更高的艺术目标，使艺术表达能力得到提升。

实践性的操作是建筑艺术教育的基本方式和途径，而观照能力则是创造力的前提和根据。操作体验与观照领悟是密切关联的，观照领悟为操作体验提供了必要的前提条件，操作体验反过来又可以促进观照领悟的深入，离开了哪一方面，建筑艺术教育都将是不全面、不深刻的。

2.建筑艺术教育的特点

建筑艺术教育是一种以建筑艺术品为媒介而进行的教育活动，建筑艺术品具有不同于其他教育媒介的独特性，它是以感性实物（建筑物）形式存在，通过视觉感官来把握的。建筑艺术品作为能够引发人的特定情感体验的符号，是与表象不可分离的，它在表象中包含了理性内容。作为面向全体学生的建筑艺术教育，有着显然不同于科学教育和其他艺术教育的特点，如果我们在具体教育实践中忽视这些特点，那么建筑艺术教育的目标就难以实现。因此，重视和把握这些特点对于实现建筑艺术教育的目的具有重要意义。

（1）技术与艺术教育的统一性

建筑一词，英文写做 Architecture，本意为"巨大的工艺"。建筑艺术既有实用价值，又有审美价值，是一种实用性与审美性相结合的艺术。它融科学与美学、技术与艺术、物质生产与艺术创

---

① 刘勰：《文心雕龙·知音》。

造、物质实用功能与精神愉悦功能于一体，二者密不可分，这是建筑艺术最基本的特征。由于建筑艺术是技术与艺术的结合体，建筑艺术品都存在材料、设计、施工等科学技术因素。可以说，科学技术的迅速发展开拓了艺术领域的新天地。科学技术的进步，深刻地影响着人们的建筑审美观念，促进着建筑艺术的发展。

技术教育与艺术教育的统一性，决定了建筑艺术教育中既有理解的因素，又有感悟的因素，是感悟和理解的统一。感悟决定了建筑艺术教育的本质内容。在建筑艺术教育中，如果只有理性的解释、说明而没有感悟活动，那就只能是空口说教、隔靴搔痒，而不能使受教者真正接受媒介的陶冶和教育。理解的作用在于使建筑艺术教育成为可以把握、能够有具体的操作规程和方法的教育形式，如果没有理解的作用，感悟就会陷入直觉主义和神秘主义的窠臼，而使建筑艺术教育活动无法进行。这就需要将感悟活动和理解因素融合、统一起来。

（2）教育媒介的强制性

在人类审美创造的活动中，建筑是规模最大、最具有永久性的艺术品。一座建筑物一旦落成，便永久地矗立在大地上，成为人们生活环境的一部分。不管你愿意不愿意，你总得跟它打交道、使用它，感受它，审视它，观照它，欣赏它，迫使你对它作出审美评价。所以一般认为建筑是一种"强迫"人们接受的艺术，它对人们施加的影响带有强制性。人们可以拒绝读小说、看电影、听音乐、欣赏绘画，但无法拒绝住房、脱离生活场所，而必须在生存空间中接受教育和陶冶。从这种意义上说，建筑艺术教育是具有强制性的教育。

人们知道，艺术教育在本质上是自由的教育。在建筑艺术教育中，怎样超越强制性而进入自由王国呢？答案是：施教者和受教者双方以建筑艺术品为中介，进行自由的情感交流。在建筑艺术教育过程中，施教者和受教者专注于对建筑艺术品的观照，屏弃个人欲念，超然物外，完全处于精神的自由状态。席勒崇尚这种自由性。他说："在美的交往范围之内，即在审美国家中，人与人只能作为形象彼此相见，人与人只能作为自由游戏的对象相互

建筑艺术教育引论 建筑1

对立。通过自由给予自由是这个国家的基本法则。"①建筑艺术教育伴随着审美愉悦，有精神享受在其中，使受教者自觉主动地去接受，不感到强制。在精神的自由状态中，教育效果不是在享受之外，而是在享受之中，在称心快意的审美品味中产生教育作用。从这个意义上，建筑艺术教育活动可以看做是美的交往，在这种交往过程中使人既受到教育，又受到陶冶。

（3）受教者的参与性

受教者的参与性是建筑艺术教育区别于传统教育模式和其他门类艺术教育的重要特点之一。传统的教育模式是以教师为中心的产物。施教者高高在上，是教育活动的主宰，学生的一切活动都必须以教师的意志为指归，这种施教方式或许能使受教者获得一些知识和技能，但由于受教者处于被控制、被灌输的地位，从而丧失了自我感受、自我创造等方面的能力。从素质教育的角度来看，这种几乎完全剥夺了受教者的主体性，使其总是受制约、被束缚，总是看施教者脸色行事的教育方式，很容易使学生养成消极被动、无所创见的因袭、附和心理，而不能实现教育的目的。

12

如前所说，建筑艺术教育不是施教者和受教者双方简单地灌输和机械地接受，而是施教者与受教者共同完成的活动。因此，受教者不应只是消极被动地接受，而应该积极主动地参与和投入，任何没有受教者的积极参与的教育都是无效的教育。建筑艺术教育因其独特的性质，更要求受教者情感的投入和活动的参与。情感的投入和活动的参与互相作用，使建筑艺术的质料、形式及其所表达的情感得以内化，实现建筑艺术教育的理想目标。对建筑艺术教育来说，最重要的莫过于提供美的感性空间环境，让学生通过自己的视觉感官去感知，然后通过活动去体验，通过实践去锻炼，最后由感觉和体验积淀为知识、升华为理论。这样，使整个教育过程充分体现学生的自主性和参与性。

---

① 席勒：《审美教育书简》，北京大学出版社1985年版，第151—152页。

三、建筑艺术教育的内容

建筑艺术教育是艺术教育的一个分支，是在推进素质教育过程中开始建设的一门应用教育学科。目前在国内尚未见到关于建筑艺术教育的专著或教材，因此，本书只是在这方面进行的一个尝试。本书并不奢望建立一个建筑艺术教育的完备体系，而是坚持以马克思主义基本理论为指导，立足于当代大学生艺术教育的实际，总结中外建筑艺术教育的经验，探讨建筑艺术教育的规律，为建筑艺术教育学科建设做一点有价值的工作，对指导大学生建筑艺术教育实践发挥一点有益的作用。围绕这样一个思路，本书讨论的内容大体包括：建筑艺术教育的基本理论知识和实践操作方法；建筑艺术的基础知识；建筑艺术的历史发展；建筑艺术的创造和欣赏等几个部分。

1.建筑艺术教育的基本理论和操作方法

建筑艺术教育的基本理论和操作方法，包括建筑艺术教育概念和含义；建筑艺术教育的构成要素；建筑艺术教育的性质、特点；建筑艺术教育的内容与范围；建筑艺术教育的功能、效应与价值系统；建筑艺术教育的原则与方法等等。

建筑艺术教育作为一门应用教育学科，需要特定的基本理论做支撑，但更重要的是实践操作方法，具有很强的应用性，是理论与应用结合的。就理论而言，它涉及的学科很广泛，除了主要依靠建筑学、美学、艺术学、教育学作为支撑外，还必须借助哲学、社会学、心理学、伦理学、数学、力学、物理学、材料科学的帮助。比如对建筑艺术教育概念的研究，就需要借助于哲学、心理学、教育学；对建筑艺术教育构成要素的探讨，就离不开教育学、社会学；对建筑艺术教育性质、特点的分析，就有赖于哲学、建筑学、艺术学和教育学；对建筑艺术教育的内容和范围的界定，就需要运用建筑学、历史学、伦理学、美学甚至自然科学的相关知识，如此等等。就应用来说，除阐明建筑艺术教育的原则与方法以外，也关乎若干技术层面的问题。这说明，建筑艺术教育的研究和实施，涉及广泛的学科领域和技术操作领域，反映出建筑艺术教育的复杂性、综合性、交叉性和边缘性。理论与应

13

建筑艺术教育引论

建

筑

1

用相互渗透，但本质上属于应用学科，实证性很强，思辨性较少。

2.建筑艺术的基本知识

建筑艺术的基础知识包括建筑与建筑艺术的概念，即什么是建筑，什么是建筑艺术；建筑艺术的基本特征，如综合性特征、形象性特征、区域性特征、时代性特征、个性化特征；建筑艺术的基本语汇，如空间与形体、色彩与光影、质感与修饰；建筑艺术的空间与建筑艺术表现，建筑空间的组合、形态、艺术处理等与建筑艺术表现；建筑艺术的形式美规律，如比例与尺度、对称与均衡、稳定与变化、节奏与韵律、多样与统一等等。

建筑是人类为满足自身居住、生产、交往和其他活动的需要而创造的"第二自然"，是人类日常生活最基本的空间环境。建筑艺术则是通过建筑群体组织、建筑物的形体、平面布置、立面形式、结构造型、内外空间组合、装修和装饰、色彩、质感等方面的审美处理所形成的一种综合性实用性造型艺术。建筑艺术不仅像其他造型艺术一样主要通过视觉给人以美的感受，而且以其巨大的形象，具有三维空间和时间的流动性，讲究空间组合的节奏感等，而被称为"凝固的音乐"、"立体的绘画"和"石头写成的史书"。

14

建筑的特殊的本质规定性决定了建筑除了艺术的审美特质外，还有实用特质，而且须有相应的物质技术条件。因此，审美因素、功能因素和技术因素构成了建筑艺术必备的三大要素。古罗马建筑师维特鲁威提出关于建筑的"坚固、实用、美观"的不可动摇的要求和准则，反映了建筑艺术的根本特征。三大要素相互联系相互制约，有机地融合在建筑的统一体内，构成建筑的内外空间、形象群体乃至城市环境的艺术审美的基础。

人们一般将空间、形体、色彩、光影、质感、装饰等看成是建筑艺术的基本"语汇"；将比例、尺度、对称、均衡、节奏、韵律、变化、统一等形式美规律看成是建筑艺术的基本"语法"。建筑必须符合形式美规律，在空间、色彩、细节以及装饰等方面，必须在形体和结构的表现上给予创造性的艺术处理。合理运用它们就可以创造出美妙的建筑艺术形象，形成奇异的建筑风格。

3.建筑艺术的历史发展

建筑艺术的历史发展涵盖西方建筑艺术史、中国建筑艺术史和中西建筑艺术比较等内容。西方建筑艺术史的源头可追溯到古埃及建筑艺术，真正开端于古希腊建筑艺术，稍后是古罗马建筑艺术。西方中世纪建筑艺术包括拜占庭建筑艺术、罗马风建筑艺术和哥特式建筑艺术。文艺复兴时期建筑艺术除文艺复兴建筑艺术外，还包括巴洛克建筑艺术和古典主义建筑艺术。西方近现代建筑艺术流派纷呈；当代建筑艺术风格各异。中国建筑艺术萌生于原始时代，奠定于奴隶时代，秦汉时期中国建筑艺术体系正式形成，魏晋时期建筑艺术文脉变调，隋唐时期建筑艺术恢弘壮阔，宋元时期建筑艺术清逸严谨，明清时期集中国古代建筑艺术之大成而使之终结。近代受欧风美雨的影响，中国建筑艺术开始转型，现当代在弘扬民族传统的基础上，出现多彩多姿的新局面。中国和西方建筑艺术由于文化背景不同，形成两个各有独自传统和特色的体系。无论从总体建筑艺术特征上，抑或是从建筑艺术类型上，还是从建筑艺术观念上都存在明显的差别。通过比较、鉴别，取长补短，求得共同发展。

中国建筑艺术有悠久的历史传统和卓越的成就，在世界建筑艺术史上占有重要地位。在世界建筑体系中，中国建筑延续的时间最长，分布的地域最广，始终保持传统特征，各个时期、各个地区在建筑形式和风格上又丰富多样、异彩纷呈而独树一帜。它虽融合了不少外来因素，但直至20世纪初，仍然保持着自己的结构特点和布局原则。西方建筑艺术也源远流长，在长期的历史发展中形成了具有自身特点的建筑艺术体系，各个时代和国度又形成了各种不同的建筑艺术风格。每一种建筑艺术风格都非常突出地反映了当时社会的特点。例如古希腊建筑亲切明快的风格，反映了奴隶制城邦社会民主的、开朗的生活；古罗马建筑雄伟豪华的风格，则是奴隶主穷兵黩武、骄奢淫逸的生活写照；中世纪哥特风格的基督教堂，以它高耸的尖塔，超人的尺度和光怪的装饰，显示了教会的极端权力；文艺复兴时期，"人"被置于万物中心，建筑构图追求以人体为典型的美的比例，重新找回了失落的人的

15

建筑艺术教育引论

建

筑

1

尊严；巴洛克建筑转向富有生命体验的表达方式，寻求自由的、流畅的、具有动势的艺术构图，展现出了市民力量的勃兴；当代西方社会生活的复杂矛盾，也在当代西方建筑艺术中明显反映出来。

4.建筑艺术的创造和欣赏

建筑艺术的创造包括建筑思潮与建筑流派、建筑师与建筑艺术设计、建筑教育与人才培养等。建筑艺术欣赏包括外国建筑艺术精品赏析和中国建筑艺术精品赏析。外国建筑艺术精品选择了埃及金字塔、雅典卫城、罗马斗兽场、圣索非亚大教堂、巴黎圣母院、圣彼得大教堂、印度泰姬陵、巴黎凡尔赛宫、美国流水别墅、法国朗香教堂、悉尼歌剧院、蓬皮杜国家艺术文化中心、华盛顿艺术馆等。中国建筑艺术精品也只列举了少量代表作，如万里长城、太原晋祠、布达拉宫、应县木塔、故宫、天坛、拙政园、颐和园、中山陵、清华大学图书馆、北京外研社办公楼等。

16

人类最伟大的创造是建筑。人类最伟大的艺术家是建筑师。从金字塔到长城，从天安门到凯旋门，从布达拉宫到白宫……在所有称之为艺术的作品中，建筑是最伟大的艺术作品。环顾世界，人类留给自然最大最深的印记便是浸染着建筑师心血的建筑，建筑师将自己的智慧、力量在建筑艺术作品中展现出来。建筑艺术不是通过直接模仿自然或再现生活来表现特定的审美意识，而是以巧妙的空间组合和多种多样的艺术手段，如象征、隐喻等表现出某种高度概括性的宽泛、朦胧的观念、情绪和气氛，唤起人们的联想与共鸣。恩格斯说："希腊式的建筑使人感到明快，摩尔式的建筑使人觉得忧郁，哥特式的建筑神圣得令人心醉神迷；希腊式的建筑风格像艳阳天，摩尔式的建筑风格像星光闪烁的黄昏，哥特式的建筑风格像朝霞。"①

建筑艺术欣赏，是欣赏主体通过对建筑形象的直观把握与细心体验，感受其形式美与表现力，体味其社会历史文化内涵与象征意义，从中获得审美愉悦的活动。要想欣赏建筑艺术的美，首

---

① 《马克思恩格思全集》第41卷，第139页。

先要求欣赏主体具备一定的鉴赏能力。具备这种鉴赏能力，是能够进行欣赏活动的前提。其次欣赏主体还应注意运用审单联想或审美再创造。这种欣赏者的审美再创造，能够大大提高建筑形象的审美价值。在中国古代，一座建筑物是由其意境表征内容并引发人的联想的。如"古台摇落后，秋日望乡心。野寺来人少。云峰隔水深"[①]；"高阁客竟去，小园花乱飞。参差连曲陌，迢递送斜晖"[②]；"清晨入古寺，初日照高林。曲径通幽处，禅房花木深"。[③]这种以建筑为中心构建的环境整体的意境含义，把欣赏者的思绪引入这种意境中，从而得到美感的升华。

四、建筑艺术教育的原则与方法

建筑艺术教育属于教育学科但又不同于一般教育，属于艺术教育但又不同于其他艺术教育。因而建筑艺术教育的原则和方法不能违背一般教育和艺术教育的原则和方法，它是立足于建筑艺术教育的目的和特点，在一般教育特别是艺术教育原则和方法的基础上引申出来的。

1.建筑艺术教育的原则

建筑艺术教育的原则是在总结建筑艺术教育实践经验的基础上而制定的特殊性规则，它贯穿于建筑艺术教育实践活动的过程中，发挥着指导性和规范性作用。建筑艺术教育实践经常遵循的原则主要有以下几个：

（1）情境创设性原则

情境创设性原则是指建筑艺术教育的施教者自觉地选择运用教育媒介，创造一个适于教育功能发挥的环境、氛围，使受教者置身于其中、耳濡目染、潜移默化地得到情感的陶冶、心灵的净化、知识的积累，从而达到综合素质提高的目的。

① ［唐］刘长卿：《刘随州集·秋日登吴公台上寺远眺》。
② ［唐］李商隐：《玉谿生集·落花》。
③ ［唐］常建：《破山寺后禅院》，见《唐诗选》（上），人民文学出版社1978年版，第202页。

建筑艺术教育引论

建筑艺术教育情境的创设，能够对艺术对象和实用对象进行隔离，使受教者在一种特殊的氛围中迅速摆脱日常状态进入审美境界。它对受教者审美意识的培养，对情感的陶冶和感染，对知识和技能的提高起着积极的作用。这种作用类似宗教氛围对信徒的熏陶和感染。如基督教的哥特式教堂以其建筑的内外形式结构、教堂内部有关基督传说的油画、窗子镶嵌的彩色玻璃、唱诗班优美的歌声和管风琴声创造情境，使圣徒们能于尘世中暂时沐浴主恩、与上帝同在，得到灵魂对世俗的超升和生命的寄托。

创造的情境对受教者不是强行给予的，而是根据受教者的心理需要自由设定的，因而较之单纯地说教更易于被人们理解并引发情感上的共鸣。这种情境所具有的丰富多彩的教育因素可以通过多种渠道，全面地、整体地对受教者施加影响，因而有利于提高受教者的综合素质。这种情境可以通过长期熏陶、感染，在不期然而然的潜移默化中对受教者产生影响。应该充分利用所创设情境中的各种积极因素，使受教者在艺术享受的愉悦中得到陶冶。长期的建筑艺术熏陶，可以帮助人们更深刻地认识社会，认识人生，使人们的精神更为丰富，道德情操更为高尚。

建筑艺术与其他艺术相比，具有自身独有的特点。这种特点突出表现在它本身就是现实生活的组成部分，它本身就具有情境性。对受教者来说，情境是既定的、现成的。因而，这里的情境创设，集中地表现为施教者在选定的情境下的教育。建筑艺术教育的情境创设的另一种含义是从艺术创造、设计的角度来说的。这种意义上的情境创设，需要建筑师在情境创设中，自觉地把建筑艺术与审美文化观念、伦理道德意识等历史地积淀和现实地熔铸在一起。

（2）媒介感染性原则

建筑艺术教育媒介的感染性，是触发受教者的欣赏欲望，调动、诱发、吸引、影响受教者，使之进入审美视界，把它从历史的尘封中解放出来，进行跨越时间和空间的精神对话。

建筑艺术教育的成功，重要的不是理性的说教，而是依靠媒介的感染、动情，依靠受教者的情感介入。就像康德所认为的那样：艺术不是靠理论说明而是靠范本在发挥作用。

进入建筑艺术教育的媒介感染状态，首先要使受教者熟悉这门艺术的语言及表达方式。诸如空间、形体、色彩、光影、质感、装饰语汇以及比例、尺度、对称、均衡、节奏、韵律、变化、统一等表现手段。在此基础上，要根据教学目的、要求、受教者特点等因素来选择建筑艺术品。不同品类的媒介，对受教者的鉴赏力、创造力和综合素质的提高具有不同的效果。一般来说，施教者应选择建筑艺术品中的上品，取法其上，使受教者的建筑艺术鉴赏力和创造能力也提高到相应的高度。当然，选择建筑艺术中的上品并不意味着拒斥大量的中品和下品，把它们置于教育的视界之外。有比较才能有鉴别，有低劣和平庸方显品味的高雅。这就要求施教者在选择建筑艺术品时具有一定的眼光和鉴赏水平，不受世俗评判标准的左右，作出有鉴别力的判断，使之真正发挥出建筑艺术教育的重要作用。

为保证建筑艺术教育的成功，所选的媒介一定要具有感染性，能够把受教者带入和教育目的相一致的特定情境之中，使之在情感的兴发中得到教益。培养起一定的审美鉴赏力、艺术创造力以及思想境界、道德情怀、知识技能等。这就要求施教者根据不同受教者的实际情况，因时、因地选择适当的媒介，以达到理想的教育效果。

（3）信息交流性原则

在特定建筑艺术教育情境中，施教者与受教者借助教育媒介进行信息交流。这种信息交流使施教者与受教者处于平等关系之中，这里没有一般教育那种权威性和强迫性。虽然施教者也有主导性的一面，但却与受教者面对同一对象，处于同一审美情境，双方共同赏析，共同感受，共同受着教育，施教者的那种权威性因而也趋淡化。这是因为教育媒介对施教者和受教者一视同仁，是对等的，媒介的信息不是由施教者向受教者说教和灌输，而是双方平等和对称，其气氛是活跃、轻松和自由的。

在作为素质教育的建筑艺术教育中，教师必须从高高在上的君临一切的神坛上走下来，成为平等对话交流的一方。从这种意

建筑艺术教育引论

建

筑

1

义上说，教师与学生之间的关系，是一种主体之间的关系，或者说是一种双主体的对话活动。这样的关系使学生的身心必将得到彻底的解放，学习积极性必将大大提高。整个教育过程必然是生动活泼的。所以，在建筑艺术教育中，既然施教者手里并没有握着标准答案，教师大可不必坚持以主导者自居，远不如与学生平等对话，互相激发，在感受的碰撞中、在观点的冲突中、在信息的交流中，自然而然地引之以兴，导之以行。这样，学生的主体意识、个性特征都会得到健康成长。

在建筑艺术教育中必须注意贯彻信息交流性原则，施教者与受教者彼此沟通情感体验，同欢愉，共忧伤，才能使受教者从教育媒介中得到深刻的感染。当然，这并不排除施教者讲解有关教育媒介的知识，如对一座建筑物的材料、结构、设计、造型、技能、技巧、风格、流派的分析讲述，因为对这些知识的讲解有助于受教者的感受和领悟。但这无论如何不能代替受教者由媒介本身引起的感受和体验，因为只有切身的感受和体验，受教者的情感和心灵才会得到陶冶和塑造。假如施教者也能把自己的感受和体验剖露给受教者，这种信息交流将创造一种最佳的情境，会使受教者无拘无束地、轻松自如地受到陶冶和培育。

2.建筑艺术教育的方法

孔子说："工欲善其事，必先利其器。"①就是讲，要想把事情做好，必须有好的方法、工具。建筑艺术教育除可应用一般教育和艺术教育的方法外，也有只适用于自身的独特的方法。

（1）讲解与感悟相结合

建筑艺术教育是施教者通过教育媒介向受教者进行引导讲解的过程，但引导和讲解又不能代替受教者自由动情地接受、体验和感悟，因而建筑艺术教育过程又是受教者在施教者的讲解下，对教育媒介的感悟过程，是讲解和感悟相统一的过程。在建筑艺术教育中，施教者要利用知识的介绍和讲解，引导受教者对教育媒介有一般的知识理解，进而把他们引入观照感悟的情境中。

---

① 《论语·卫灵公》。

讲解大体有两方面的内容，一是就媒介本身讲，介绍媒介的空间构成、技能技法、设计理念、意境表达等知识；二是就背景材料讲，介绍创作的历史背景、作者的创作风格等知识。比如可就巴黎圣母院大教堂与五台山南禅寺建筑加以比较讲解，也可以扩展介绍哥特式建筑和中国古建筑的不同风格，包括著名的建筑范例、时代背景、文化内涵等等。这对深入理解媒介的建筑艺术形式是十分重要的。

在建筑艺术教育中，讲解固然重要，但比较而言，受教者的感悟则更重要，这是由建筑艺术教育的特点决定的。

感悟是感性悟解，它不同于理性知识的理解，在建筑艺术教育中，将理解渗入、溶解于艺术符号的感知中，使之成为超感性的悟解能力。"这种悟解能力不同于舍弃表象的概念理解，而是一种作为接受艺术时的高级认识能力的直觉。它使受教者通过对艺术意象直接外观的丰富性和多样性的观照，无需经过逻辑的分析和演绎过程，迅速领悟到媒介的情感意蕴、深层结构和观念的内容"。[①]感性悟解不脱离表象，始终与表象统一在一起。在悟解过程中，形式与内容、现象与本质是统一的，受教者在感悟中即刻领悟、了解了对象的本质。

（2）游观与驻足相结合

将游观与驻足结合起来，不仅是建筑艺术欣赏的重要方法，同时也是建筑艺术教育的重要方法。

所谓游观，就是步步移、面面观，把建筑物或建筑群的平面布局、立面造型、上下左右……整体空间形象纳入眼底。游观体现了"动"的特点，在游动的过程中，不仅可以以视觉的流动把握建筑艺术形象的整体面貌、空间感、主体感、节奏感、韵律感、音乐感，而且可以把它转换为动觉——生命的感受和体验。只有游观才能把握建筑艺术的形象的整体，从而留下宏观的表象，为受教者的感悟提供良好基础。

当然，对于欣赏和教育来说，仅仅领略整体轮廓是远远不够

① 贺志朴、姜敏：《艺术教育学》，人民出版社2001年版，第179页。

21

建筑艺术教育引论

筑

建

1

的，还需驻足细看、多看。建筑艺术是直观的，但却不能走马观花，一掠而过，必须静观默察，仔细品味。只有仔细观赏、反复品味，才能了解藏于深处的玄机，玩味出媒介的"象外之旨"；才能真正揣摸到作品的主题、情韵和丰富的内涵；才能体会到建筑师独具的匠心。驻足体现"静"的特点，静观默察是求得观照，重势又重质，是游观的细化和深化。

建筑艺术教育的游观与驻足相结合，就是把动与静相结合，动中有静、静中有动；就是把整体与细部相结合，细部分析整体、整体综合细部；就是把视觉观照与动觉体验相结合，在观照中体验，在体验中观照。做到上述几个结合，对实现教育目的是至关重要的。

（3）个体与群体相结合

在建筑艺术教育中，个体接受教育表明施教——受教关系的单纯性。这种单纯性表现在施教者的引导下，受教者对教育媒介的观照和体验。这里应特别强调受教者个体的亲历感受。如哥特式教堂，如果置身其中会油然生起对上帝的敬畏；而南京中山陵，依山而建，若沿着百余级的台阶拾级而上，则对革命先驱的崇敬、仰慕之情就会越来越浓重起来。在这种亲历的过程中，受教者的情绪会逐步酝酿、印象会逐步加深，感知被扩大、情感被充满，最后达到高潮。

在建筑艺术教育中，个体教育的方法虽然是最主要和最基本的，但还应与群体的方法结合起来。群体的方法不限于个体的观照和体验，也不限于个体的亲历感受，而是以群体的方式进行的。在群体中，人们可以就游观和驻足静观中的观感进行品评、议论，把当前获得的感受和体验进行交流；也可以把自己亲历过而他人没有亲历过或他人亲历过而自己没有亲历过的感受和体验相互交流。可见，群体的方法就不是单纯的施教——受教关系，而是通过施教者与受教者、受教者与受教者之间的不断交流，对建筑艺术情境进行多侧面、多层次、多角度的观照、体验、把握和再创设。

第二章　建筑艺术概念及其
相关知识

JIANZHU YISHU GAINIAN JIQI XIANGGUAN ZHISHI

　　由于建筑和建筑艺术的复杂性和独特性，读者在接受建筑艺术教育的起始，必须具备建筑和建筑艺术的相关基本概念和基本知识，并以此为基石，才能逐步切入主题，本章通过三个"基本"，即建筑艺术的基本概念、建筑艺术的基本特征和建筑艺术的基本语汇作为门径，使读者逐步领悟到建筑艺术的博大精深和意趣无穷。

一、建筑与建筑艺术概念

1.什么是建筑

当人们问到什么是"建筑"时，这是一个看似容易，实际上是一个比较难于直接回答的问题。

在我们日常生活中，人们说到"建筑"，往往是指这幢房子，那栋房子。在文字应用当中，汉语"建筑"这个词性是比较宽泛的，可以用做名词，如某某建筑项目，某某建筑物。"建筑"一词也可以用做动词，具有营建之意。

西方语言中，如英语，"建筑"一词的含义比较确定，Building即指某建筑物或构筑物，而内涵比较宽泛的"建筑"一词，则可以使用 Architecture，因此 Architecture today 可以翻译成"今日建筑艺术"。

因此本书所说的"建筑"需要界定一下，也就是指单体的建筑、建筑群体，以及由城市干道、广场或河流等组织成的城市建筑空间。

2.什么是建筑艺术

古罗马维特鲁威的《建筑十书》里，早就把"美"与坚固、适用并列为建筑的三大要素。美国建筑百科全书对"建筑"（Architecture）定义的描述是说："具有功能的、坚固的、经济的、美观作用的单体建筑，建筑群体以及其他构筑物的艺术和科学"[1]。

我国的《辞海》中关于"建筑艺术"是这样描述的："通过建筑群体组织、建筑物的形体、平面布置、立面形式、结构方式、内外空间组织、装饰、色彩等多方面的处理所形成的一种综合性艺术"[2]。

从以上的权威性论述可以看出，"建筑"和"建筑艺术"的概念是相互跨越的，没有单纯的"建筑"，也没有独立的"建筑艺

① William Dudley Hunt, *Encyclopedia of American Architecture*, Mccraw-Hill Book company 1980, p.10.
② 《辞海》，上海辞书出版社1989年版，第571页。

术"。建筑是不是艺术，一直是学术领域中争论不休的问题。像美国最著名的建筑师菲利浦·约翰逊就一再强调"建筑就是艺术"，并认为建筑艺术是"母亲"艺术，是其他一切艺术的守护神。我们认为面对事实，看到建筑和建筑艺术综合性是比较符合事物的实际面貌的。

纵观历史，我们就会发现，"建筑"这个词语是那么的不可思议，那么的凝重，那么的辉煌；"建筑学"这一传统学科，远比人类历史所记载地要来得久远和复杂；"建筑艺术"不可避免地要成为与人人有关的艺术。"建筑艺术"是不朽的艺术，它是历史文化最有权威的见证者，是世界民族和国家的标志。

当人们只要求遮蔽风雨，防御野兽，栖身洞穴时显然是无所谓"建筑艺术"可言的。但是随着人类社会化的推进，社会生产力水平的不断提高，古代人类不仅拥有了可供居住的"房屋"，还能拥有可供集会、交易、娱乐、教育、宗教等各种不同使用要求的建筑，建筑开始有了不同的特点和形态。此时，由于时代、地区、民族国家、文化差异、建筑拥有者、建筑设计者、制造工艺和建筑材料的不同，建筑出现了风格上的迥异，产生了各种类型的建筑学和"建筑艺术"。这种历史过程中形成的"建筑艺术"为狭义概念上的建筑艺术。

当人类社会进入19世纪，情况就大不一样了。"工业革命"使社会生产力得到了突飞猛进的发展，新型建筑材料如钢铁、水泥、玻璃等的大量使用，引发建筑出现了革命性的转变，令世人震惊的两个划时代的建筑出现了，一个是1851年于英国伦敦建成的工业博览会展览馆，该建筑明亮的玻璃外墙与屋顶为该建筑赢得了"水晶宫"的美名；另一个是1889年建于法国巴黎的国际博览会的标志性建筑埃菲尔铁塔。这两幢建筑的出现预示着一个以新观念、新技术、新建筑为标志的全方位创新的建筑艺术新时代已经到来。

随着全球城市化进程的加快，狭义的"建筑"观念受到了挑战。建筑的空间扩大到了建筑自身之外，从建筑到庭院，从建筑到广场，从建筑到干道，从建筑到建筑群体，也就是说，建筑已

经是城市的有机组成部分，要从城市的角度去规划布局设计建筑。这样，建筑融入了城市，融入了城市景观与城市生态之中。这就是所谓的"广义"概念的建筑学，"广义"概念的建筑艺术。

二、建筑艺术的基本特征

从以上论述可以看出，"建筑"是一个复杂的事物，因而建筑艺术表现出强烈的特性，千变万化，错综复杂。下面我们可以从五个方面来解读建筑艺术的特征：

1. 建筑艺术的综合性特征

公元前 1 世纪，古罗马建筑师维特鲁威把建筑中的诸多因素概括成为："适用、坚固、美观"三大因素。这个综合性的观念一直沿用至今。

"适用、坚固、美观"这三大要素在不同时代、不同地点、不同项目会有所侧重和变化，比如：在运用或解释中，把"适用、坚固、美观"改为"适用、坚固、经济、美观"等等，强调了建筑中经济的重要性，但是，不管是三要素或四要素，都说明这些建筑要素是一个整体，是建筑和建筑艺术综合性的特征和表现。同时，这个三要素的原则还告诉我们建筑的美观和建筑艺术的产生和审美是以适用、坚固、经济为基础和前提的，也就是说，建筑的美观和建筑艺术的创造和审美，要受到适用、坚固、经济等各方面条件的制约；建筑艺术是多方面条件的综合反映。

一方面建筑要受到自身的适用、坚固、经济、美观要求的制约，另一方面还要受到建筑自身之外的诸多因素的制约和影响，比如建筑所在地区自然气候的条件，就会对建筑外观产生很大的影响，寒冷地区的建筑显得比较封闭、厚重，而四季如春地区的建筑，就显得开敞、飘逸。比如建筑材料的选择和运用，将直接反映出建筑的风格和品位，古代西方建筑以石材砌筑为主，其风格与东方以木结构为主的建筑迥然不同，形成了不同的两大建筑艺术体系。

建筑艺术的综合性特征除了表现在建筑、建筑学、建筑艺术是诸多因素的综合结果外，还明显表现出，建筑艺术也是它与雕塑艺术和绘画艺术三者的综合表现。回顾历史，我们可以发现，早在公元前1200多年前，在埃及的卡纳克神庙建筑上，无论是墙面和柱子，几乎全部是浮雕和高浮雕，有人物有花草，形象生动而富有色彩；而西方古典柱式建筑的"山花"部分常常嵌着精美的群雕，气势恢弘，雕塑与建筑浑然一体。而建筑中的壁画或在墙壁上或在天顶上，中外古今经常出现。正是这些精美的雕塑和绘画作品与建筑空间细部处理的配合，发挥着综合的艺术感染力，而使很多著名建筑魅力长存，载誉史册。

在诸多综合性因素中，建筑的物质技术条件是带有根本性的，是推动建筑、建筑艺术发展的根本动力和基础。古代罗马在建筑上追求巨大跨度和巨大空间取得了突破，其最根本的技术保证是由于罗马当地对富有的火山灰混凝土的应用。那巨大跨度的拱顶教堂，那惊心动魄的罗马斗兽场，那直径达到43.3米的单一的圆形空间的万神庙，为人类建筑史增添了永远的辉煌。

20世纪60年代以后，发达国家对钢筋混凝土、钢结构在结构理论上和施工应用上都有所突破，从而高层建筑和超高层建筑如雨后春笋般地拔地而起。

2.建筑艺术的地域性特征

人类的聚居是地区性的，人类社会的经济、生产也是地区性的，人类创造文化也就必然从地区性开始，这也就决定了建筑、建筑学、建筑艺术必然有着地区性的特征。

我国民居的建筑艺术由于地区特点，形成了千差万别、丰富多样的建筑风格，民居建筑中，合院（三合院、四合院）住宅可能是最为普遍的住宅类型，北京的合院住宅平和协调，尺度可亲，山西陕西一带由于地区气候条件的原因，院落空间趋于狭窄禁闭，半坡屋顶给人印象深刻。到了江浙一带，宅墙高筑，庭院深深，粉墙黛瓦，一派清秀。而到了闽粤一带则空间复杂，那些圆形"土楼"更是风格别具，同时建筑的外装饰也渐趋浓郁，翘起的屋脊，潇洒的拉弓墙，给闽粤民宅的地区性特点抹上浓浓的一笔。

我国少数民族地区的民居建筑艺术不仅更具地区特色，而且差异极大，比如广西云南地区的傣族干栏式住宅，由于避免受到

建筑艺术概念及其相关知识

建

筑

2

潮湿气候的伤害，改善隔热通风条件，充分利用当地建筑材料，支架在地平面以上，屋顶体量硕大，以草木为主，轻盈秀美。而再看四川，藏民宅就大不一样了：正封闭的建筑平面；外墙坚实且略呈倾斜；有能晾晒粮食的平屋顶；梯形的藏式装饰，形成了藏族民居建筑的独特风采。

从世界范围内看，地区性的特征更是明显。首先，东西方的差异就带有根本性。西方国家建筑主要以石为基本材料，风格坚实封闭；而东方国家的建筑，主要是木构建筑体系，风格轻巧开敞。再看东方的主要地区，虽然都是木构体系，但是风格又迥然相异，我国的木构体系，比例严谨，尺度柔和，传达着一种和谐的儒家中庸之美；而日本的木构建筑，既精巧洒脱，又对比强烈，反映了海岛大和民族特有的"场所"精神。

西方古典建筑源于古希腊古罗马，它们的经典传遍世界，然而这些经典来到不同地区也就发生了不同的变化。意大利的罗马一带严格保持着传统，讲究比例严谨，尺度宏伟，加上柱式和拱券的配合运用，罗马市的古典建筑风采显得雄浑、严谨、气势恢弘。由于古罗马时代雕塑艺术的发达，古罗马的建筑与雕塑结合的完美令人叹为观止，有一位学者从罗马归来说，罗马不动的人（指雕塑）要比运动的人还多。虽然这是笑话，但也从一个侧面说到了古罗马建筑离不开雕塑的配合。

西方古典建筑都有着同样的经典要素，然而从意大利来到法国、比利时以至荷兰，这些国家和地区，这些经典的艺术效果各有不同的特色表现。就拿法国来说，其古典建筑也沿用着古典语言，但法国在运用过程中有了自己的创造，比如拱券的运用与柱式配合的变化，墙面与屋顶的配合变化，屋顶与建筑形体的配合与变化等等，使法国的古典建筑显现出辉煌、华丽、浪漫，充满了诗意的人情味。

"现代主义"建筑，在20世纪初悄悄地来到了这个世界。并在20世纪三四十年代形成了所谓"国际式建筑"，看起来似乎是一统天下了，但事实上，"现代主义"建筑从一开始就是以区域性为特征而发展起来的。欧洲大陆以德国、法国为主要区域，是欧洲大陆工业生产突飞猛进的产物，欧洲大陆在20世纪初，出现了"现代主义"建筑的创始人和代表人物，如格罗匹乌斯、密斯万德罗、勒·柯布西耶等建筑大师。欧洲大陆的现代主义建筑，主要体现了当时的"功能主义"思潮。其理性、简约和有效性的特点符合工业化发展道路，成为欧洲建筑风格的新潮流。

"现代主义"建筑思潮经过1928年的"国际现代建筑大会"（CIAM）的倡导和传播，在西方发达国家很快发展起来，然而地区特征从一开始就突现出来。北欧地区的现代主义建筑充满了轻快、含蓄的气质，特有的精巧的木材加工，表现出该地区特有的人文气息。传播到南美的现代主义建筑则表现出强烈的几何形态，通透、轻盈、简洁，其中巴西现代主义建筑大师奥斯卡·尼迈耶的作品尤为突出。而传播到亚洲地区，其中以日本和中国而言，由于社会发展的复杂和动荡，现代主义建筑风格，表现出强烈的民族性和折中主义色彩。

3.建筑艺术的时代性特征

艺术具有时代特征，艺术作品反映时代精神，这是任何艺术作品不可或缺的普遍现象。建筑艺术也是如此。俗话说：建筑是凝固的音乐，建筑是石头的历史。人类历史的辉煌，人类历史的沧桑，都能从人类所创造的建筑中找到自己的痕迹。

建筑艺术的时代性特征有着多种多样的表现方式。有的直接成为统治阶级的统治工具，有的直接反映了统治阶级的欲望和价值取向。而在现代社会，建筑艺术的时代性特征就更为鲜明了，工业化生产的时代特征，几乎成为20世纪以来建筑艺术最为明显的时代特征，各种哲学流派，各种社会思潮，都会在建筑艺术上顽强地表现出来，历史的变迁，历史上重大事件的发生，以至于某些代表人物的言行，都会在建筑艺术中找到自己的影响或直接的表现。正像勒·柯布西耶在他的宣言式的小册子中所说的那样："我们的时代决定了自己每天的风格……"。

每当我们见到，或者说到古埃及的金字塔建筑的图片，就会联想到古埃及的"法老"神权统治时代，它那与天地共存，神秘莫测，尺度巨大的艺术处理，不仅震慑降服了古代的奴隶，而且

也使今天的人们为其旷世不朽的艺术魅力所折服。凡是到过巴黎的人们，无不对巴黎的城市格局，庄严宏伟的广场、街道，重大的历史古典建筑赞不绝口，同时我们也会发现，巴黎的辉煌，大部分是自17世纪以后，路易十四和路易十五时代法国绝对君权的产物，其中宫廷建筑，尤其是巴黎郊区的凡尔赛宫，建筑上表现的那种一代君王恣情纵欲、奢华铺张、珠光宝气的精神追求，可谓淋漓尽致。那五颜六色光亮华贵的大理石，那金玉满堂的烦琐装饰构成的室内环境也可以说与那个时代脂粉奇香的贵妇人颇为匹配。从凡尔赛宫我们看到了那个时代建筑艺术的精神追求和价值取向。

随着生产力的发展，随着人文思想的进步，随着工业革命的到来，建筑、建筑艺术发生了翻天覆地的巨大变化，一个伟大的时代已经开始了。在这个时代里存在着一种新的精神，勒·柯布西耶在20世纪初就强烈呼吁着一种全新的建筑艺术时代的到来，这一代精英建筑大师创造了几乎风行了一个世纪的现代建筑艺术。

30

首先，现代主义建筑强调了要走工业化的道路，也就是说建筑的建造过程要用类似的机械产品的生产方式那样，能快速地、大量地、可以重复地建造，从而达到经济有效的社会目标。其二，现代主义建筑特别强调"功能"，认为这是建筑设计的重点和基本依据。因此"功能主义"也就成了"现代主义"建筑和建筑艺术的理论基础。其三，现代主义建筑提倡建筑艺术的创新和简约。正像勒·柯布西耶在他的《走向新建筑》中所说的那样："工具是人类进步的直接表现，是人类的必然合作者，也是人类的解放者。我们把过了时的工具如土炮、马车、老火车抛到了垃圾堆里……由于工具的不良而生产了坏的产品是不可原谅的……必须扔掉旧的工具，再换上一个新的。"[①]另一个现代主义建筑的创始人格罗匹乌斯也这样写道："洛可可和文艺复兴的建筑样式完全不适合现代在世界对功能严格要求和尽量节省材料、金钱、劳动力和时间方面的要求……新时代要有自己的表现方式。现代建筑师一定能

---

① 勒·柯布西耶：《走向新建筑》，中国建筑工业出版社1981年版，第3页。

创造出自己的美学章法。通过精确的不含糊的形式，清新的对比，各种部件之间的秩序、形体和色彩的匀称与统一来创造自己的美学章法。"①有的建筑师甚至提出现代建筑艺术拒绝一切装饰。为"简约"所做的最好的解读，应该算是另一位现代主义主义建筑的创始人密斯的"少就是多"的名言。因此，事实上"创新"成为现代主义建筑发展的动力之一，"简约"成为现代主义建筑艺术风格的基本格调。可以说这三条基本概念，充分反映了二十世纪的时代精神，而现代主义建筑、建筑艺术从这些理念中找到了自己的生命力。

4.建筑艺术的象征性特征

就各门类艺术的功能而言，艺术表现形象和情节，艺术表现现实和历史，艺术表现精神和理想，是各种艺术形式的基本特征和基本功能。然而具体到某一种艺术门类，其表现形式和特点就大不一样。可以说建筑艺术就是一门和其他艺术在表现形式上大不一样的艺术。

文学诗歌艺术可以叙事和抒情；绘画雕塑艺术可以描绘塑造各种人物形象和场景；电影、戏剧艺术可以再现历史，重塑悲欢离合的无限想象；音乐艺术只凭借七个音符，就可以把人们带进深奥莫测、细腻无尽的幻觉世界之中，让人们的心灵得到一种上天入地，千军万马自由驰骋的美的境界。而只有建筑艺术，它与人物的具体形象无关，与历史事件无关，它不叙事，也不记载，它是一种用纯抽象的艺术手段，去象征某些精神的含义，以达到某种期望的艺术效果。德国古典哲学家黑格尔在他的名著《美学》中这样说过"……建筑并不创造出本身就具有精神性和主体性的意义，而且本身也不能完全表现出这种精神意义的形象，而是创造出一种外在形状只能以象征方式去暗示意义的作品。所以这种建筑无论在内容上还是在表现方式上都是地道的象征型艺术。"②

　　按照黑格尔的美学分析，我们可以这样来理解建筑艺术的象征性特征，也就是说：建筑艺术不能（也不必要）创造出人本的艺术形象，它只能以象征的方式去暗示和隐喻某种社会意义和精神内涵。建筑在符合科学技术的规律下，在满足了人们使用要求的目的后，才能以象征的方式创造出真正的建筑艺术。当然，对那些纪念性建筑和某些特殊要求的建筑来说并不完全如此。因此我们可以说，建筑艺术是象征型的艺术；建筑艺术是一种象征性的艺术，建筑艺术是一种用象征的方式，或象征的手法来进行创作的艺术。

　　所谓象征，就是当建筑以其空间、形式、装饰、色彩来表达建筑的某些内涵、意愿、意境时，采用一种间接的、折射的、言外之意，一种类似的、模拟的、象形的艺术手法。亦即有所谓的"隐喻"和"显喻"之说。一般说来，建筑艺术的象征应该是隐喻的，显喻常常招致失败。西方古典建筑从古希腊开始就有非常成功的隐喻手法。如古希腊的柱式，据古罗马建筑理论家维特鲁威的记述，古希腊的陶立克柱式象征着男人躯体的强壮、有力；爱奥尼柱式则象征着女性身躯的纤细和婀娜多姿，女性卷垂发式的特质，这是一种成功的曲折、暗示、隐喻的象征手法。这种典型的西方柱式手法流传几千年不衰，为全世界所接受。在西方现代建筑中有两个实例最有力地说明了隐喻的象征手法具有无限的魅力。一个是 20 世纪 50 年代，法国建筑大师勒·柯布西耶设计的法国郎香教堂。另一个是 20 世纪 50 年由丹麦建筑师伍重设计，1973 年在悉尼建成的悉尼歌剧院。这两座名垂青史的建筑物都是以其奇妙的隐喻手法取得了很好的艺术效果。不恰当地追求象征意义，生搬硬套某种社会人文意义，或者直接搬用人类社会生活生产实物，或动植物形象等"显喻"手法，在建筑艺术中是不宜提倡的。20 世纪上半叶苏联曾设计建造了著名的"红军大剧院"，其设计思路就是生搬硬套"革命"含义，把建筑平面设计成五角星形状，给演出使用造成了极大的不便；我国"文化大革命"期间建造的长沙火车站为了象征革命的火种，把车站中央大厅的塔顶设计建成火炬的形象，这种"显喻"的手法，实在是在开建筑

艺术的玩笑。20世纪60年代以后，由于后现代主义思潮的盛行，在建筑艺术的创作中一度盛行"显喻"的象征手法。后现代主义代表美国建筑师迈克尔·格雷夫斯在1987年设计1991年建成的美国迪斯尼世界天鹅旅馆和海豚旅馆两座建筑上，把尺度巨大、刻画生动的"天鹅"，置于大楼中央，巨大的"海豚"有四五层楼之高且鲜艳夺目，形象逼真，给入住宾客一种如梦如幻之感。当然，从这两座旅馆所在之地点出发，这种大胆搬用动物形象的艺术手法也算是与迪斯尼娱乐文化保持一致。更为甚者，就是盖里于1987年在日本神户港水边设计建成的"渔夫餐厅"，一条巨型的大鱼跃然而起，这是餐厅建筑吗？就餐者到此就餐定会大惑不解。

从建筑艺术的历史轨迹我们可以发现，建筑艺术的象征性主要是一种抽象性的象征，是一种偏理性的象征，一种智慧的象征，而要取得成功的艺术效果，主要应该采用"隐喻"的艺术手法。

5. 建筑艺术的个性化特征

艺术作品，无论是建筑艺术作品，还是其他门类艺术作品，要想取得感人的艺术效果，要想载入史册，都离不开个性化的魅力，没有个性就没有艺术，美国著名建筑师路易斯·康说得好："每个人的梦都是独特的。"

建筑历史告诉我们，在19世纪现代工业社会以前，建筑个性化的现象并不太明显。在西方，以古希腊古罗马柱式和府邸建筑为基础的古典建筑体系，虽然创造了无数优秀的不朽的建筑作品，但其程式化程度偏大，缺乏个性表现。在东方，木构建筑体系辉煌了数千年之久，同样表现出极强的程式化状态。然而18世纪工业革命以后，建筑艺术的个性化程度也就与时俱进，日益强化成为建筑艺术中的重要属性和特征。

所谓个性化，就是建筑师在进行建筑创作时，在作品中表达出来的方方面面的个人特点和特色，比如，独特的价值取向将会在构思上独树一帜；独特的素养和性格将会在建筑的空间组合与造型风格上千人千面，无一相同；独特的受教育过程和处事习惯，将会在建筑的细部和材料的使用上别出心裁。只要我们跟踪考察

建筑艺术概念及其相关知识

建筑2

一下一个建筑师的创作历程和作品，就会发现，他们的作品一般来说都会呈现出独特的持久的艺术特色、特点和风格。正是由于建筑创作中这种个性化的表现，使得现代建筑的发展出现了异彩纷呈、百花争艳、飞速发展的局面。同时，由于某些建筑师的创作被社会所接受，得到了强化以后并渐渐形成了所谓的流派，从19世纪以来，各种艺术思潮的兴起和强化，在一些发达国家出现过各种建筑理论的流派，在20世纪形成了建筑文化多元化的新格局。

　　由此可见，个性化是建筑艺术发展的强大动力，是建筑艺术作品丰富多彩的主要原因。然而我们不能说，有个性的作品就一定是好作品。在建筑创作中有的建筑师为了张扬个性，不顾科学规律肆意扭曲形体；有的建筑师不惜浪费人力物力，追求大空间，大体形，大标志，竭力夸大所谓视觉效果；有的建筑师不管社会接受程度，把建筑物设计成支离破碎、残缺不全、千疮百孔的颓废景象。这样的"个性"并不是建筑艺术所需要的个性。我们所提倡的个性应该是科学的、健康的、智慧的。

三、建筑艺术的基本语汇

1.空间的形体

　　我国古代哲人老子说过："埏埴以为器，当其无，有器之用；凿户牖以为室，当其无，有室之用。"[①]这句名言，深刻地点出了建筑空间的价值和目的，为世界建筑师所认可。

　　毫无疑问，营造空间是建筑的根本目的，建筑艺术也就是在营造建筑空间时所形成的艺术，建筑空间是建筑艺术的载体，建筑空间也是建筑艺术的主角。那我们为什么说建筑空间是建筑的主角呢？主要是因为建筑空间是一种围合我们人类的三维空间的语汇，建筑空间是我们人类的家园，是我们人类赖以生存、生活的家园，是我们人类进行创造并寄托我们精神世界的场所，我们

① 　老子：《道德经·十一章》。

只能在建筑空间之中才能领略欣赏到建筑艺术的伟大成果。

　　建筑空间可以分为两大类型，即内部空间（室内空间）和外部空间（室外空间），而由内部空间和外部空间相互延伸、交汇、融合所形成的空间，我们称之为第三种空间类型——灰空间。内部空间主要是指由建筑实体围合起来的室内空间，这里是建筑艺术的精华之所在，通过空间的形态与尺度，通过空间的变化与分割，通过空间的采光方式与光影处理，通过围合空间实体的装修与空间中的家具和艺术品的陈设等手段得以表现。室内空间具有全方位的语汇，用以表现建筑艺术的意向和文化内涵。而外部空间主要是由建筑与建筑空间，建筑与附属建筑，城市附属设施，环境建筑物，绿化水体、山脉所构成。这样的外部空间，经过艺术加工，形成了具有无限魅力的艺术语汇，如城市广场、街道空间、行政、金融、文化中心建筑群，古代宫殿建筑群等等，包罗万象。

　　尽管建筑空间语汇这么神奇，这么风情万种，但是离开了建筑实体，空间也就无所存在，所以要想取得建筑空间，就必须要有建筑实体，而建筑实体最动人的语汇就是建筑的形体。

　　建筑形体的形成一般来说是由以下四个方面的缘由造成的，第一方面的缘由是建筑功能的要求，不同的功能要求是形成不同形体建筑的基础，特殊功能要求的建筑常常具有特殊的建筑形体，一座剧场和一座办公楼的形体就大不一样。第二方面的缘由是该建筑物所在地段、地形环境条件的要求。地形与环境的特点既对建筑物的形体有所限制，又对建筑物的形体设计带来无限创造的可能性和契机。我们只要观察一下澳大利亚悉尼歌剧院的地段与环境特点，就不能不为它在建筑艺术上的成功而喝彩，它在建筑形体上的绝妙更使人们为之折服。第三方面的缘由是科学与技术方面的可能性与要求。一般来说，建筑物的形体不能违反地心引力，要考虑到风力和地震（尤其是高层建筑）等自然条件的要求，要让建筑形体适应所用建筑材料的特性。第四方面的缘由是社会人文方面的要求。业主的喜好，管理层的喜好，时尚、流行、社会的约定俗成都会在建筑的形体上留下痕迹。

建筑艺术概念及其相关知识

建

筑

2

空间是无限的，形体也是无限的，无限的空间、无限的形体表达了无限的艺术语汇。

2. 色彩与质地

人们常说，我们生活在一个五彩缤纷的世界里，事实上，除了生活在偏僻乡村，五彩缤纷主要是来自建筑世界，建筑物让人们看到了一个色彩的世界，对人来说，色彩是建筑物最直接、最敏感的艺术语汇。

建筑色彩的形成来自两个方面，一个方面是自然的，另一个方面是人工的。所谓自然的是说我们看到的建筑物的色彩是所用材料的自然本色，比如北京四合院的灰砖房，多层的红砖住宅楼，都是黏土砖的自然本色，也有用石料加工砌筑的建筑，我们看见的也是自然的本色，有的浅灰色，有的暖灰色，有的深灰色，这些建筑的色彩含蓄、协调。所谓人工的，是说我们看到的建筑色彩是相关材料经复合（或加入颜料）、加工后的饰面材料的色彩（如油漆、涂料、抹面、面砖、钢板合金板等），这些材料的色彩可以多种多样，琳琅满目，但如果在建筑上使用不当也容易造成艺术上的失误。有的业主要强调小区或街道的热烈和欣欣向荣，大片建筑物使用了粉红色的涂料，给人一种无法摆脱的暴躁感，有的建筑物使用了过多的色彩，造成了视觉的混乱，使人产生不安的心情。有的建筑使用了不合适的原色和冷色（甚至黑色），给人一种冷漠的语汇，使人产生疏远的心境。近年来铝材和钢构件在建筑上也用得较多，那种一色的灰色金属建筑有的具有超前科幻的语汇，有的咄咄逼人，过于冷峻。

36

建筑的色彩语汇应该和建筑的功能特点、建筑的性格以及建筑的文化精神内涵相吻合。比如图书馆、博物馆建筑就适宜采用比较稳重、成熟、单纯的色彩语汇。如灰色系列色彩，古铜色、土黄色等色彩系列，居住建筑就适宜多用温馨、典雅、文静清淡的色彩系列，而商业建筑则可以采用色彩相对热烈，丰富多彩的色彩语言。

前面说过，色彩是建筑物最直接，最敏感的艺术语汇，这是说，当建筑物在50米以外的距离时，人们感受到的主要是建筑物的色彩，而当我们逐渐走近建筑物时，建筑物的质地将传达出更多的艺术语汇。如果你走在上海外滩，你会发现很多西方古典风格的大楼，其首层或二层的外墙都是用粗大的石块砌筑，给人一种坚实稳定的感受，传达出其业主财大气粗、坚如磐石的自信，这种粗壮石材砌筑的形象被很多银行大楼所效仿。我们再细看一下美国华盛顿艺术东馆的外墙，就会被那种优雅的、经过严格加工的粗细纹路恰当的石材所感动，这种细腻加工的石材质地传达出一种艺术殿堂高贵神圣的风度。石材的质地具有高贵的品质，不仅各种建筑物争相使用，而且较廉价的墙面涂料也发明出一种仿石涂料，在一般的水泥面层上涂刷以后也具有一般石料的感觉，这也不失为一种艺术语汇。然而毕竟是真实直率的语言比较动人。在现代建筑中有的建筑师大胆使用木材作为外墙的饰面材料，让天然的木纹传达出温馨美好的语汇，更有不少建筑赤裸着混凝土的表面，但是呈现着一种多层次规则有序的表面，那些机械加工（指混凝土模板）的规则也是一种质朴的美。当代建筑很重视建筑物质地的美学，无论是混凝土也好，金属表面也好，玻璃也好，同样可以向人们传达出质朴的美感和丰富的艺术语汇。

3. 光影与细部

艺术存在于光影之中，没有光影就没有艺术，造型艺术是如此，建筑艺术更是如此。勒·柯布西耶在他的《走向新建筑》中说得好："建筑是对在阳光下的各种体量做精练的，正确的和卓越的处理。我们的眼睛天生就是为观看光照中的形象而构成的。光与影烘托出形象……"光与影能传达出众多的建筑艺术语汇，光与影内含着微妙的艺术潜台词。

西方古典建筑对光影的艺术处理，曾经达到很高的水准，而古希腊罗马的贡献更是出类拔萃，流芳百世，成为西方建筑文化的基石。西方古典建筑之经典篇章"五柱范"，之所以能成为古今中外建筑师的必读范本，成为西方古典建筑之标志所在，除了有着优美的比例和清晰精确的细部外，其光彩效果传达出的语汇之细腻、丰满、生动也让人着迷。

建筑中的光影艺术效果，常常是通过采光窗口的处理得到的，

西方古代教堂建筑常用的各种各样多彩的玻璃镶嵌在窗口之中；而中国古代的门扇与窗扇都是丰富的图形，阳光照射时，投射在地面上的光影效果耐人寻味。

20世纪初，在绘画雕塑艺术领域中的"立体主义"流派，对建筑艺术影响颇大。尽管现代建筑从技术的角度对建筑进行"革命"，而"立体主义"的影响从未间断。"现代主义"建筑大师勒·柯布西耶就是典型人物之一。他所设计的法国郎香教堂可以说是一个在受"立体主义"艺术思潮影响，在建筑艺术空间处理与造型上，在处理建筑室内外光影效果的语汇上有着独特的效果，成为现代建筑中的一个标志性作品。

在现代建筑的发展过程中，不断涌现出优秀作品，不少作品在光影处理上颇有造诣，其中有两个作品值得我们关注。一个是美籍华裔建筑大师贝聿铭先生于1968年开始设计，1978年建成的美国华盛顿艺术东馆，其引人注目的特色之一就是馆中央的共享空间，其顶部全部为采光玻璃顶，故俗称"光庭"，由于中庭穿插各层之间的交通平台和天桥，使得中庭之中的光影应时变幻扑朔迷离，使这个艺术殿堂充满着沐浴在阳光之中的温馨气息。这个拥有独特光影效果的客厅震慑了每个参观者的心，令人们终生难忘。第二个作品不能不提到日本当代著名建筑师安藤忠雄的一个作品，那就是1989年在日本大阪市郊建成的"光的教堂"。这是一座小小的位于住宅区旁的教堂，矩形的礼拜堂一头是入口，一头是祭坛，祭坛尽头的混凝土墙面被一条顶天立地、左右贯通的窄窄的十字形的玻璃采光带所分割，面朝祭坛的人们被这个十字形光带所笼罩，透过光带，室外的光线就在里墙面的衬托下分外明亮，随着时间投射在教堂内的光影徐徐地移动，教堂内的气氛充满着神秘静谧的色彩。而十字形光带的形象，似抽象地象征着宗教的神圣符号。

建筑光影所表达的语汇尽管变化多端，但是比较抽象，而建筑细部所表达的语汇可能更为丰富，更容易为人们所接受。建筑细部是建筑艺术最直接的表达语言，建筑细部是建筑风格最直接的标志，因此我们可以认为建筑细部是建筑艺术的灵魂所在。著

名的现代主义建筑大师密斯曾经说过一句话："上帝在建筑细部之中。"这句话虽然调侃，但其意义十分深刻。

建筑细部并没有专指某个部位，一般来说是指在科学地处理建筑物质技术要求时，表现在建筑形式（包括室内）各个关键部位上的特点，并经过刻意加工的部位。那么什么是建筑形式上的关键部位呢？比如说建筑的墙面，其关键部位是指墙面与地面的交接处、墙面与墙面的相交处、墙面的转折处、墙角、墙面到顶部的交代，或墙与顶面的交代；又比如墙面的所开洞口（窗门等），窗有窗的处理、窗台有窗台的处理、窗沿有窗沿的处理、门口则有门洞口的处理；如果是柱廊，则柱子的特点是柱与顶梁的交接处理、柱头；如果是拱廊，则是拱断面、拱心石等部位。所以，所谓的关键部位主要是指建筑造型中不同方位、不同维度、不同形态、不同材料构件的交接部位，对这些部位的加工（包括装饰）就是建筑细部。

装饰对建筑来说，是美化的手段之一，装饰恰当是锦上添花，装饰不当则是画蛇添足。无论是西方古典建筑，或者是中国古建筑，装饰都是重要的建筑手段，它可以使建筑更具特色，更具亲和力，更具人文色彩。然而在 20 世纪初，奥地利的一位建筑师阿道夫·路斯却站出来说，在建筑上添加装饰细部那就是犯罪。那个时期的未来主义学派也公开宣称：装饰必须屏除。他们的观点显然是偏激的，不符合建筑艺术发展的道路和历史事实。当然，20 世纪以来，在现代主义建筑兴起以后，装饰处理在建筑上的表现变化很大，模仿具体形象，带有色彩和装饰逐渐转化为对材料和细部的精致加工，转化为对几何图形的建筑部件的精确处理。有的建筑流派，如后现代主义和新装饰主义还依然热衷于装饰手法的使用。

建筑艺术概念及其相关知识

建筑

2

第三章　　建筑艺术的空间与秩序

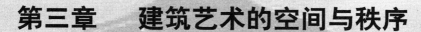

JIANZHU YISHU DE KONGJIAN YU ZHIXU

　　通过上一章的学习，读者会自然地发问：建筑艺术究竟表现在哪里？它们又是如何表现的呢？这正是本章所要着力回答的问题。

　　建筑空间是人类从事建筑活动的根本目的，也是人类赖以生存和进行劳作的主要场所，同时也是人类进行建筑艺术创作的基本舞台。人类在建筑艺术创作中逐渐找到了相应的艺术规律，并对这些艺术规律进行了精心的组织和巧妙的安排，使之具有秩序感，这样就形成了建筑艺术。

一、建筑空间与建筑的艺术表现

在上一章我们已经提到，建筑的根本目的就是对"空间"的追求，因此"空间"也就成为建筑艺术的主体，是建筑艺术表现的重要载体和场所。下面我们从三个方面来理解建筑空间的艺术表现。

1.建筑空间的形态和建筑的艺术表现

建筑空间形态的形成主要由三个方面的因素使然。首先是功能的因素，功能要求不同就产生不同的空间形态，一个电影院的空间绝不会与一座体育馆的室内相同。第二个方面的因素是构成一个空间的物质因素。如围合，覆盖空间的结构形式，施工技术，防寒隔热防水的材料与技术等等。尽管古代罗马城的万神庙在公元初创造了直径达43.3米的辉煌纪录，但由于只能使用当时所谓的混凝土新技术，其空间的尺度仅此而已，而今天，由于可以使用金属空间结构，其空间大小能把一个运动场和可以容纳几万人看台大小的空间全部覆盖起来。第三方面的因素是社会人文条件，也就是说社会的价值取向，建筑项目的业主的要求和意愿，往往决定着建筑空间形态的形成和个性化的特点。

建筑空间的形态最基本的可以分为室内空间和外部空间，室内空间可以分为单一空间和复合空间两种基本形态。单一空间说的是一座建筑只有一个主要空间，其艺术表现也是以这一个主要空间为主，比如一般来说一座电影院以观众厅作为主要空间，一座体育馆以一个比赛场作为主要空间。比如上面提到过的古罗马万神庙，它是以其圆形的神堂为主要空间。单一空间的建筑物，由于主要空间是其方方面面的中心，在建筑艺术表现上就成为主要形式。单一空间一般来说是方形、长方形、多边形、圆形的平面和体形，有较强的集中性。如果在功能和社会人文方面没有特殊的如方位、方向、人流出入要求，这种空间常表现出一种匀质性的特点，如一个体育馆、一个展示建筑，其空间的艺术也就表现在它为了围合覆盖所运用的结构形式和表面材料上，意大利建筑师耐尔维设计建成的罗马小体育馆就是一个很典型的作品。这个圆形的单一空间采用的结构形式是钢筋混凝土网格穹形薄壳，在落地时由于叉形拱支撑，结构形成的美成为这个圆锥空间的漂亮外衣。

复合空间应该比单一空间有着较多的艺术表现力，它可以有多样化变化的形态，它可以有强烈对比的形态，它也可以有较大尺度的空间形态。概括起来，"复合空间"有这样几种形态：

第一种形态是"流动空间"。人类为了获取空间采用了各种手段，获得空间后又千方百计要把空间对外开口，以获取空气和阳光，千方百计要将空间与另外的空间联系起来，这样就出现了所谓的"流动空间"，也就是空间需要和室外沟通，不仅是空气和阳光沟通，而且在视觉上也得到充分的沟通。这种意图在"现代主义"建筑兴起以后得到了充分的实现。

采用"流动空间"最卓越的作品应该算是1929年德国建筑大师密斯设计的巴塞罗那世界博览会体育馆。这是一座宽17米，长53米单层的小型建筑。其空间设计采用了虚实相间，先抑后扬，转折连贯，一气呵成等艺术手法，整个建筑空间充分流动，亦里亦外，加上建筑材质的纯净明亮和局部有效的点缀，使这座建筑不仅成为密斯设计生涯的里程碑，同时也成为"现代主义"建筑的标志性作品。

第二种形态是"共享空间"。一般来说，"共享空间"出现在多层或高层公共建筑之内，比如规模过大的多层商场，为了缓解顾客的疲惫和减小空间的单调感，常常出现所谓的中庭——共享空间，各层的顾客都可以看到不同楼层的热闹人群，共享空间顶部的日光闪烁射入，共享空间气氛大为活泼。

20世纪是"共享空间"盛行的世纪。从宾馆到商场，从博物馆到办公楼，"共享空间"到处可见。其中最为出色的可推美国20世纪"有机建筑"大师莱特设计建成的纽约市古根汉姆美术馆，和20世纪60年代名扬全球的美国著名建筑师波特曼设计建成的旧金山凯悦饭店。

古根汉姆美术馆位于美国纽约市中心中央公园一侧。莱特自1952年开始设计，直到1959年才建成使用，它是莱特一生中最引人注目最具个性色彩的大型作品，除了该建筑构思奇妙，外形独

特之外，就是它有一个不同凡响的"共享空间"。该建筑的主要展厅是一个圆形的陀螺状空间、上大下小，极富动态，一层层盘旋而上的展廊围绕着一个抛物面的"共享空间"，空间感妙不可言，启发了无数年轻建筑师的灵感。六层以上尺度巨大的采光玻璃顶，气势宏大，图形动人。下面我们看一看波特曼是怎样感受和分析古根汉姆美术馆的成功之处的。他说"过去凡是人们参观博物馆，总发现自己从一个封闭的房间走到另一个房间，因此都急于想走出来，而古根汉姆在这方面十分成功。你可以舒舒服服走着，一点也不疲惫、不厌烦。古根汉姆的设计收到这样好的效果，其原因就在于共享空间的想法。

波特曼被古根汉姆感动了，他不仅是感动，而是从中得到了灵感的启示。俗话说青出于蓝而胜于蓝，波特曼在20世纪60年代以后，果然出色地设计出了众多的共享空间，让他在人们心目中成为一个专搞共享空间的建筑大师。我们只要看一下他的代表作品美国旧金山凯悦饭店的"共享空间"，就可以知道波特曼在建筑艺术上的成就了。

旧金山凯悦饭店是旧金山艾姆巴卡迪罗中心中的五大建筑之一，四座高层办公楼与配套商业建筑，通过架空人行道系统联成一个现代化的商业中心，凯悦饭店是这个中心的结尾。由于建筑群体组合的需要，凯悦饭店三角形的建筑形体出现了一面呈山坡形的造型，从而出现了巨大的三角形共享空间。高十七层的三角形空间通过一线天式的顶部采光，显得幽深静谧，扣人心弦，人们从艾姆巴卡迪罗广场进入时顿感换了人间，空间内各种服务设施齐全，通过"波特曼电梯"（即观景电梯），观光者可直达楼顶之旋转餐厅，空间内静态的背景音乐和动态的观景电梯相织成一幅悠闲的人间画卷。共享空间的艺术魅力尽现其中。

第三种形态是"灰空间"。"灰空间"是建筑中泛指的一种空间概念。从一个空间转到另一个空间中的过渡空间，一个空间旁的延伸拓展空间，我们都可以称之为"灰空间"，因此"灰空间"有其独特的模糊性和不确定性，其艺术魅力也往往在此特性之处。"灰空间"在20世纪80年代和90年代曾风行一时，其主要原因是因为日本著名建筑师黑川纪章的建筑理论和作品所引起的关注。1972年黑川纪章设计建成日本福岗银行总部大楼，这是一栋位于城市中心区道路转角的十二层办公建筑，曲尺形的平面围向路角，但在十层以上又呈长方形平面，挑出部分由路角的楼梯间和风道支撑，从而形成了路角十层高的巨大"灰空间"。这样的空间亦里亦外，似里实外，它两侧是室外，顶部却又有覆盖，充满变化，一个充满生气，一个既是建筑空间，又是城市空间的"灰空间"。

还是这位黑川纪章先生，于1979年推出了日本琦玉现代美术馆，1984年推出了日本名古屋美术馆，这两座建筑都有一个明显的特色，就是建筑的实体与空无格架的相伴，虚空的格架形成了一种"灰色"的异样的艺术趣味。

第四种形态是"一体化空间"。顾名思义，也就是说大小不同的空间，为了某种需要，经过处理把它们统一起来，也就成了"一体化空间"。法国建筑师安德鲁设计并已基本建成的北京国家大剧院就是一个典型的"一体化空间"的建筑。实际上北京国家大剧院内有三个规模和使用功能不同的剧院和剧场，另外还有其他的辅助空间，为了让这些不同功能不同形态的空间有一个统一的整体的形象，就产生了如今这个圆卵形的"一体化空间"。

2.建筑空间的组合与建筑的艺术表现

单一空间的建筑艺术表现力虽然不乏经典，但常常是缺少变化和丰富性。复合空间的建筑表现力虽然强一些，如果缺乏艺术组合也成不了好的作品。因此建筑空间组合是建筑艺术表现力的基础和源头，往往是一个好的、有独特思路的空间组合决定了一个作品的成败。

空间组合手法繁多，综合起来看主要有以下几种组合手法。第一种是"集中式"组合。这种组合的特点是：主要空间常位于建筑中心，其他次要空间在其周围或一侧，西方古代的教堂建筑，现代的礼堂、剧场、音乐厅、体育馆或者展览建筑等，都基本上是"集中式"组合的建筑。

第二种空间组合手法是"线列式"组合。这种组合是建筑中均质空间建筑常用的手法，比如办公建筑、学校建筑、研究性建

45

建筑艺术的空间与秩序

筑

3

筑，展示建筑等。这种组合方式常是一字排开，但时而突出时而收进，时而挺直时而曲折，看似平凡，变化随意。人们都不会忘记20世纪60年代在美国宾夕法尼亚大学建成的医学研究楼，这是美国著名的建筑师路易·康设计建成的具有世界声誉的标志性建筑，它的空间形态和建筑造型及细部处理无不具有轰动性效果，曾引起全世界建筑师的关注和兴趣。然而它的空间组合只是简单的"线列式组合"，由于空间和形体配合得当，空间体形节奏重复有序，虚实对比恰当，以及强烈动人的建筑轮廓，取得了很好的建筑艺术效果。

第三种空间组合手法是"辐射式"组合。这种组合形式在现代建筑总体布局、规划中经常使用。在单体建筑中有的是从一个中心枢纽向外做线列辐射，如三叉形的办公楼建筑或宾馆、公寓建筑，有的反其道而行之，中心是广场等室外空间，向外辐射的是联系各种建筑物的通道，使城市空间紧凑而有动态。

第四种空间组合手法是"网格式"组合。网格是自然界物质存在的一种形式，经纬相交物方存在，因此网格成为建筑空间组合的一种最基本的方式。网格具有严密的规律性，显现着一种理性的表情。我国古代城市就是一种网格空间，空间结构泾渭分明，网格可以拓展，网格可以生长。

46

20世纪60年代，荷兰兴起的"结构主义"建筑思潮，提倡的空间组合手法之一就是"网格"。"结构主义"建筑学派的代表建筑师赫兹伯格于1972年设计建成的阿陪顿比希尔中心，是一座典型的网格空间组合的建筑。这座建筑是可供千人工作的办公建筑，空间组合是由3米斜交的网格组成，然后9米的方格为工作平台，3米为通道和共享空间，并可由顶部采光，这种成片的工作场所气氛舒展，沟通便利，布置灵活，有一种在家里办公的轻松之感。

第五种空间组合手法是"院落式"组合。人们希望拥有建筑空间，同时也希望拥有院落空间，因此有房有院就成为人类对建筑空间的基本要求。我国古代的合院建筑如此，帝王的宫殿也是如此，我国北京的故宫就是世界上最恢弘的院落建筑群了。现代建筑采用以院落为核心空间组合比比皆是，是一种最常用的空间组合方式。

第六种空间组合手法是"综合化"组合。就是说前面提到的五种组合手法，都是比较单一的组合手法，但一个成功的作品往往是采用"综合化"的组合手法，不拘一格，随机应变。

3.建筑空间的艺术处理与建筑的艺术表现

无论是建筑中的单一空间，或者是经过组合后的复合空间，如果缺少必要的艺术处理，建筑的艺术表现力也就无从谈起。对建筑进行艺术处理的手法很多，因人而异，一般来说应该掌握以下几个特性，也就是说，我们要理解和欣赏建筑空间艺术处理，可以从以下几个方面切入：协调性、丰富性、动感、主题性、个性和生态化。

在这些特性方面最难做到的是"个性"，"个性"能使艺术有特色，"个性"能使艺术动人。尽管时光飞逝，但是莱特的古根汉姆美术馆的共享空间永远令人难以忘却。空间中充满了莱特的洒脱个性，莱特的灵秀气质。再看波特曼的旧金山凯悦饭店中庭空间，这个充满生气的共享空间正是波特曼个性的全面发挥。波特曼的中庭空间是欢乐的交响乐，他调动了所有的艺术处理手段，而且善于运用大自然的生态因素，如流水、喷泉、树木、花草。正像他所说的那样："我运用大自然的因素，把人造的环境和人们的心灵联系起来……"[①]他强调了空间中的动感因素，他首创的大空间中运用玻璃电梯（俗称波特曼电梯）收到了很好的艺术效果，正像他说的那样："人们跨进普通电梯后都不愿继续交谈，而在玻璃电梯中却都想继续说话。这是因为人们共享了有趣而有人情味的感受。"[②]波特曼这种空间艺术处理使他所设计的共享空间不仅具有很好的艺术价值，同时也有很好的商业价值，雅俗共赏，受到人们的欢迎。

20世纪60年代以来，追求空间的生态就已经成为大趋向，除

---

① 约翰·波特曼、乔纳森·巴尼特：《波特曼的建筑理论及事业》，中国建筑工业出版社1982年版，第72页。

② 同上，第58页。

建筑艺术的空间与秩序

建筑

了在对阳光、空气、温度、湿度等方面的科技设施处理外，在视觉、感受、文化等方面的处理已成为普遍现象。加拿大伊顿商业中心，其内部公共通道上除了通透的玻璃顶，使阳光尽情透入外，还栽有大量的树木，设有水池、喷泉、绿化，还有使人意想不到的大量的飞鸟，这些飞鸟给整个空间带来了极为生态的感觉。马来西亚建筑师杨经文在1992年参加的日本奈良"世界建筑师展"展览会，推出了他的"东京——奈良之塔"的生态高层建筑后，又不遗余力设计建成了不少生态高层建筑。"生态"进入高层建筑空间已成事实。

二、建筑艺术的形式美规律

"优美的形象，形体的变化，几何规律的一致，达到了能给人以协调的深刻感受，这就是建筑艺术。"

——勒·柯布西耶①

归根到底，建筑艺术就是建筑的空间、形式的秩序化，空间和形式有了秩序，也就有了艺术，有了美。而形式的美是要有一定规律的，我们下面就建筑艺术形式美的规律作一番探讨。

1. 比例和尺度

48

所谓"比例"，并不是建筑艺术中专有的，但是建筑中的所谓"比例"要复杂得多。空间的尺寸有比例的关系，如一个房间的高度与宽度的比例是否合适，比例良好，则给人以舒适感，比例不好，则令人感到压抑。建筑造型的尺寸更有比例关系，如一个造型的比例是否优美，其大小在墙面上所占的比例位置是否恰当也是比例关系。因此我们可以说：建筑空间和建筑外观中，各要素自身的尺寸关系，以及各要素之间和建筑整体的尺寸关系就是比例关系。

历史上有不少学者和建筑师，都企图找到最佳的比例关系，从古希腊的黄金分割律到勒·柯布西耶的"模数体系"。虽然解读

---

① 勒·柯布西耶：《走向新建筑》，中国建筑工业出版社1981年版，第31页。

了某些优秀作品的比例关系，但是依旧回答不了为什么这些比例是美好的，什么样的比例可以得到美的效果，所以我们还只能运用一般化的评价方法，可以用"优美"、"合适"、"恰当"、"协调"等。对建筑艺术"比例"的美也没有必要找出什么绝对值来。重要的倒是建筑艺术中的比例应该是有规律、有秩序的。但这也是相对的。

所谓尺度，不是只指建筑的尺寸，而主要是指建筑尺寸的感知和对尺寸的处理。单纯的几何图形没有尺寸感，只有进行尺度处理以后才能被人们感知。

尺度处理说的是要引入那些与人体有关的建筑要素和对各种要素进行协调的艺术处理。与人体有关的如栏杆、踏步、坐凳、生活用具（家具）等，这些部分人们是敏感的，当在建筑中出现时人们就会对建筑尺度产生了感知和理解。尺度感知和理解是人们对建筑感知的基础，因此有的学者认为尺度感是建筑艺术的第一重要因素。尺度感好、尺度精细、尺度协调的建筑艺术处理才是好的建筑。

尺度感基本上有两种，一种是亲切的尺度感，另一种是超人的尺度感。所谓亲切的尺度感指的是这些建筑各部分都接近人体的尺度，恰当运用的尺度能使人对建筑产生亲切感。所谓超人的尺度感指的是那些空间巨大，超越人体的巨大形体的建筑，如那些巨大的体育建筑、会展建筑以及各种纪念性建筑等。这些建筑因为某些精神因素的需要，夸大了建筑的尺度，如巴黎凯旋门夸大了某些比例和整体尺寸，并同时对局部细节做了精细的处理，达到了既宏伟又亲切的艺术效果。

超人的尺度只要显示出人们加工的规律就容易为人们所理解和接受。北京的国家大剧院巨大的外壳，由于屋面表层的精致，使人们理解它，接受它。加上入口处有接近人的尺度处理，使整个建筑产生了美好的尺度感知。

2. 轴线与均衡

两点连成直线。在一条直线上布置了相关空间即可形成建筑学上称之为"轴线"的现象。在平面布局上有轴线，在空间和形

建筑艺术的空间与秩序

建

筑

3

式上也有轴线，因此轴线是使建筑或者城市变得更为有序的重要因素和手段。当然，对两条轴线以上的空间和建筑群进行空间组合时，就会分出主要轴线和次要轴线（副轴线）。

北京故宫就是世界上规模最大、轴线最多，气势最为宏伟的建筑群，也是最为恢弘的建筑轴线交响曲。

对于视觉艺术来说，视觉对象在视觉中的均衡感，是对艺术作品最基本的要求，建筑艺术也是这样。一般来说"对称"是最为均衡的，也就是说，一幢建筑、两幢建筑乃至若干幢建筑群，在中心轴线的布局上左右相同则为"对称"。"对称"可以使你感觉到庄重的美，平衡的美。

"对称"比较容易得到均衡感，但建筑不可能都是对称的，在城市建筑群中更不可能都是对称的，同时，太多的对称容易使人感到视觉疲劳与审美疲劳。所以不对称是经常出现的。那么不对称就不能得到艺术的均衡感了吗？不是的，不对称的建筑和建筑群是一样可以获得均衡的艺术感受的。甚至可以说不对称的建筑和建筑群更为生动和有趣。

不对称建筑能取得均衡艺术效果的很多，其中作为经典实例的，是1930年建成的，由荷兰建筑师杜多克设计的荷兰希尔维塞姆市政厅，这座建筑高低塔楼和体块布局和穿插，既多样又生动，并且达到整体平衡的艺术效果，成为20世纪初新建筑运动中的典范。这种不对称的均衡效果是类似杠杆原理的结果。

50

3.变化和韵律

俗话说建筑是凝固的音乐，一点不错，音乐是变化着的音符，而建筑是变化着的凝固的实体。音乐由音符组成了具有韵律的乐章，而建筑则由空间和实体组成具有韵律感的建筑和城市。

韵律来自重复，重复产生韵律。古希腊罗马神庙的柱廊，罗马大斗兽场的连续拱廊，以及高直建筑的飞扶壁和束柱尖拱都是重复的韵律，是比较严谨的韵律，垂直方向的韵律。文艺复兴时期内更多地出现了横向韵律和垂直韵律交错重叠的更为复杂和丰富的韵律。历史上这些优美的韵律传统依然悦耳，在现代和当代的建筑上大放光彩。

重复可以是不断变化着的重复，从而产生了各种可能性的韵律，这是当代各种曲线形建筑和变异软体建筑的源头。当代走红的美国建筑师盖里设计建成的美国洛杉矶迪斯尼音乐厅，有着花开般韵律的自由形态，给人以无限美好的浪漫风采。

4.多样与统一

由于种种原因，实际建筑必然是千人千面各不相同的，而且每座建筑创作也是由各种部件、多个空间组成的，"多样"是建筑创作中的必然现象。

如果对"多样"不进行处理，建筑甚至一个城市必将混乱杂陈无所适从。混杂不可能产生艺术，单个作品也好，一个城市也好，只有通过"统一"的处理，才能让建筑和城市具有艺术感染力。

要达到"统一"的艺术效果，最主要的一条原则是"主从分明"，也就是说在组合空间和组织形体、形式时，要突出主体，要使主体明显地表现出自己的特点，附属部分要与主体一致，并显现出从属的感觉，和主体有呼应的效果。我们只要从空中俯瞰一下北京故宫（参见第七章），就可以发现，故宫的建筑群是一个完美的主从分明，而又协调统一的伟大艺术作品。中轴线（主要轴线）上主体部分三大殿高昂突出，空间宽大，两侧东西路空间密集处于从属地位，而紫禁城四角角楼和各主要门楼既有守卫功能，又起到与主体呼应的艺术效果。

在现代建筑中，为使单体建筑和建筑群达到统一的艺术效果，其手法不拘一格，渐呈多样和简约化。比如说建筑外形使用了同一种材料，并保持同一种颜色；有的可以运用同一种细部处理，同一种建筑手法和装饰都可以比较容易达到统一的艺术效果。我们在前面提到过所谓的一体化空间，其实也是一种能使多样的建筑空间与形式达到统一的好办法。

建筑艺术的空间与秩序

建筑

3

第四章　中国建筑艺术的发展与演变

ZHONGGUO JIANZHU YISHU DE FAZHAN YU YANBIAN

　　人类自从脱离穴居野处，便进入了构木为巢的原始居住时代。在一切与人类物质生活有直接关系的产品中，建筑是较早列入艺术行列的一种形式。恩格斯在《家庭、私有制和国家的起源》中指出，在原始时期就已有了"作为艺术的建筑术的萌芽了"。

　　中国建筑艺术源远流长。中国建筑学泰斗梁思成先生说："中华民族的文化是最古老、最长寿的。我们的建筑也同样是最古老、最长寿的。"①在漫长而灿烂的历史长河中，作为中国文化典型的物质载体，中国建筑的崇高形象，在东方广大而幽远的国土上投下了磅礴而巨大的历史侧影。它在高超的土木结构、科技成就与迷人的艺术风韵中，铸就了崇高而典雅的境界。

---

① 转引自卜德清等：《中国古代建筑与近现代建筑》，天津大学出版社2000年版，第1页。

一、远古、上古时代中国建筑艺术的萌生与奠定

从历史上看，我国古代建筑经历了原始社会（远古）、奴隶社会（上古）、封建社会（中古）三个大阶段。在原始社会，我们的祖先从穴居、巢居开始，逐步地掌握了一些营建房屋的技术，并利用天然材料，创造了原始的木架建筑。这种原始的木架结构，奠定了我国古代建筑在结构体系上的基本特征。距今约六七千年前的新石器时代是我国古代建筑艺术的萌生时期，北方地区逐渐出现采用木架泥墙的地面建筑，南方地区流行以木料为主的地面建筑和干栏式建筑。从夏朝开始，中国进入奴隶社会。商朝后期，奴隶主们已经开始建造大规模的宫室和陵墓，到西周和春秋时代，统治阶级营造了许多以宫室为中心的大小城市。原来简单的木构架，经过商、周以来的不断改进，成为中国建筑的主要结构方式。

1. 原始时代中国建筑艺术的萌生

在远古时代，人类以修建树巢和地穴来进行建筑活动。一般而言，在树木繁茂、多雨潮湿的地区，人类主要以树巢为栖身之所；而在林木稀少、干旱开阔的地区，人类多营建地穴藏身。在中国，长江流域的早期建筑形态是树巢式的，而黄河流域的早期建筑形态则是地穴式的。

在长江流域一带，原始人所建的巢居是一种半人工的建筑。它借助天然树木作为支柱，用木料相互交错绑扎成架空的木巢。据推断，这种木巢可能具有平台、墙体及屋顶等部分。《韩非子》说："上古之世，人民少而禽兽众，人民不胜禽兽虫蛇。有圣人作构木为巢以避害。"[①]这反映出树巢建筑产生之初的情况。这种树巢式建筑后来继续发展成为"木台建筑"，即抛开了自然树木的限制，以人工木桩式的支柱为基座，建筑主体被架空于其上，外观如两层楼，上层是用于居住的房屋和进行活动的平台，下层支柱之间用于饲养家畜。木台建筑在史书中称为"干栏"。《旧唐书》记载："山有毒草及虱蝮蛇，人并楼居，登梯而上，号为'干栏'"。[②]

---

① 《韩非子·五蠹》。
② 《旧唐书·南蛮传》。

在距今七千年左右的河姆渡遗址中，有今天所知的木台建筑的最早遗迹，而现在中国南部和西南地区仍可见到大量的木台建筑，如四川山区的吊脚楼、云南少数民族地区的竹楼等。

在黄河流域，早期的建筑是地穴式的。《墨子》指出："古之民未知为宫室时，就陵阜而居，穴而处，下润湿伤民。故圣王作为宫室，为宫室之法，曰：室高足以辞润湿，边足以圉风寒，上足以待雨雪霜露，宫墙之高，足以别男女之礼，谨此则止。"[①]其修筑方式是在地面挖出坑状的地穴，并将其夯实。在地穴的中央，立一根木柱为主要的承重构件。地穴的四周用树枝之类做成龙骨，其上端收拢于中央的主柱，并绑扎牢固。这种格栅状的构架构成了建筑的主要结构骨架。在它的上面用草、泥、兽皮等覆盖，形成围护。这就成为一座地穴式建筑。距今六七千年前的半坡村遗址中可见到这种地穴式建筑的实例。后来地穴式建筑也逐渐向高处发展，形成了"土台建筑"。土台建筑把木构的建筑主体放置在高出地面的夯土台基之上，在台基的内部仍保留有空穴，用于存放物品。这实际上就是把地穴式建筑抬高架空到半空中了。

可见，在差不多六七千年以前，中国的不同地区存在过两种体系的建筑。一种是自空中的树巢向地面发展而形成的"木台建筑"；一种是自地下的深穴向地面发展而形成的土台建筑。这两类建筑最终都发展成建立在地面上的台式建筑，可谓殊途同归。不论是木台建筑，还是土台建筑，在外观上都已初步形成了台基、墙身和屋顶三段式的形式特征。这种三段式的思路在以后的中国建筑艺术发展中，一直是单体建筑所采用的最基本的形式。

2.奴隶时代建筑艺术的奠定

从夏朝开始，中国进入奴隶社会。夏商周三代的建筑结构简明，奠定了中国建筑艺术的基本特征。以《诗经·大雅·绵》所谓"百堵皆兴"的历史姿态，有如磅礴的日出，主要表现为三代帝都和城市的营造以及宫室的建筑，已经出现初步繁荣，并日益蔚为大观。

55

中国建筑艺术的发展与演变

建筑4

---

① 《墨子·辞过》。

文献记载的夏朝（前2070年—前1600年）统治地区（今河南、山西一带），现已经考古发现多处当时的城址。它们的共同特征是平面略呈方形，规模不甚大，见方在90~185米左右，一般采用中轴式对称，筑城的方式较为原始。

商代（前1600年—前1046年）的城址目前已发现了几座。与夏城相比，其规模更大。例如郑州商城，城墙遗址的周长7公里，呈长方形，土墙现高4米，最高达9米，基底宽6米，夯层厚达8厘米至10厘米。另外商代后期的殷都，其遗址范围更达到24平方公里。宫殿区居于城址中心，四面环水，在实用功能上具有防卫作用。该区域南北长度为1000多米，东西宽度为600余米。纣王时广作宫室，广辟苑囿。史书载："南距朝歌，北据邯郸及沙丘，皆为离宫别馆"。①

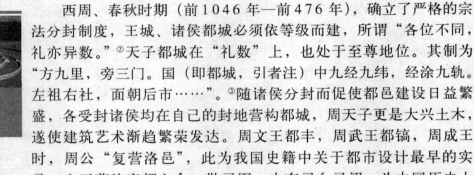

西周、春秋时期（前1046年—前476年），确立了严格的宗法分封制度，王城、诸侯都城必须依等级而建，所谓"各位不同，礼亦异数。"②天子都城在"礼数"上，也处于至尊地位。其制为"方九里，旁三门。国（即都城，引者注）中九经九纬，经涂九轨。左祖右社，面朝后市……"。③随诸侯分封而促使都邑建设日益繁盛，各受封诸侯均在自己的封地营构都城，周天子更是大兴土木，遂使建筑艺术渐趋繁荣发达。周文王都丰，周武王都镐，周成王时，周公"复营洛邑"，此为我国史籍中关于都市设计最早的实录。文王营建帝都之余，做灵囿，内有灵台灵沼，为中国历史上的著名园林。

在上述城址和都城当中，有许多面积很大的夯土台基，台基上往往有多座建筑遗迹。据推测这是一些宫殿建筑。如在河南偃师二里头发现的一号宫殿遗址，处于一方形院落当中。院墙是回廊式的，南面有院门。宫殿位于院子中央偏北处的夯土台上，夯土台长宽约为108×100米，残高约80厘米，宫殿为8开间，建

56

---

① 转引自梁思成《中国建筑史》，百花文艺出版社1998年版，第35页。

② 《左传·庄公十八年》。

③ 《周礼·考工记》。

筑面积350平方米，殿堂柱列整齐，推测当时木架构体系已基本奠定。柱子很粗，直径达40厘米。这一宫殿遗迹乃是目前所发现的最早的院落和大规模木结构建筑实例。类似实例还有二里头二号宫殿遗址。

据考古得知，整座殷都共建有宫殿53座，分布于南北长约280米、东西宽约150米的区域内。宫殿建在夯土台基之上，整座建筑由台基、夯土墙、木质梁柱、门户廊檐与草秸屋顶等部分构成，其屋顶为四坡形制，重檐。柱础多为石质，直径约在10厘米—30厘米之间。这些柱础以天然砾石为材料，厚度约3厘米，上部平滑稍凸，背部中央微凹，很易放牢，显然经过精心加工。殷都中有的宫殿尺度较大，柱基为铜础，在铜础下面又垫天然大卵石，柱础可达三行共三十个之多，其中设置铜础十个。

陕西岐山凤雏村发现的西周建筑遗址，是迄今所知最早最严整的四合院实例。该建筑群由两进院落组成，有明显的中轴线，沿中轴线布置了影壁、正门、前室、过廊和后室。院子两侧为厢房及回廊，将院子围做封闭状。梁思成先生对周代建筑作了深入研究，他说："陕西一带当时之建筑乃以版筑为主要方法。然而屋顶之如翼，木柱之采用，庭院之平正，已成定法。"①值得注意的是，此时形成了四宇伸张，顶、身、座三大部位相互配合，令人耳目一新的"翚飞式"建筑。《诗经》中的诗句"如鸟斯革，如翚斯飞"，②说明这个时期的建筑艺术有了进一步的提高。

周代的宗庙文化相当发达。宗庙的建造，完全出于尊祖敬宗的需要，是一种后人在精神上对祖先的依赖。古人云："君子营宫室，宗庙为先。"③可见对宗庙的重视程度。周代帝都中的宗庙，具有空间尺度大、用材精、技术新的特点。比如营造技术，可以说已经达到了当时建筑的最高水平，具体说来，一是普遍使用三合土，坚硬、光洁、美观。二是版筑技术趋于完备。三是砖坯和

---

① 梁思成：《中国建筑史》，百花文艺出版社1998年版，第36页。
② 《诗经·小雅·斯干》。
③ 《礼记·曲礼下》。

中国建筑艺术的发展与演变

建

筑

4

绳纹瓦成为建筑材料，砖瓦的广泛使用打破了"秦砖汉瓦"之说。四是出现了中国独特的斗拱文化的前期技术。五是中国成熟的建筑群体组合，即所谓"廊院制"建筑已经登上建筑艺术的历史舞台。

二、中国封建社会建筑艺术的发展演变

中国封建社会特别漫长。在长达两千多年的封建社会中，中国古典建筑艺术经历了形成上升期、成熟辉煌期、集成终结期这样的发展进程，各时期的建筑风格也相继发生了明显的变化。发展历程中的许多创新、进步的闪光点乃至整个封建社会里创造的中国古典建筑艺术的卓越成就，将永远放出不朽的光芒。

战国（前475年—前221年）可说是封建社会的序幕，也是中国建筑艺术体系形成的前奏。新兴地主阶级取得了政权，确立了封建社会制度。社会生产力的提高带来了社会生活的变化，奴隶制的王城制度被冲垮，出现了许多规模很大的工商业城市，如齐临淄、赵邯郸、燕下都等。燕下都是现存战国城址中最大者，位于今河北易县东南的易水岸边。东西长约8公里，南北宽约4公里。分内城、外城两部分，城墙用版筑，最高处可达10米。内城分布多处夯土台，多利用天然土台筑成，其中武阳台位于内城北墙正中，是城市中心建筑物。在有些大土台上，还发现有木柱、铜块、大筒瓦、砖、陶质下水管和铺地方砖等。其中大瓦呈半圆形，最大的长71厘米，直径25.6厘米。砖的种类也有了方砖和空心砖之分，可见当时材料技术的进步。临淄是战国时代最大、最繁华的城市，也是所知当时古城中规模最宏伟者。位于今山东临淄城北，由大小两城组成。城墙宽厚高大，小城嵌在大城西南角，自成体系，有以"桓公台"为主体的大片建筑群。桓公台高14米，台基呈椭圆形，南北长86米，是当时齐国庙寝所在。

1.秦汉时期中国建筑艺术体系的形成

历史进入秦汉之世，时代造就了天下一统的封建帝国和一统的文化艺术格局。这一时代包括建筑在内的文化艺术的基本特征，一是趋同，二是宏阔，有一种包举宇内的伟大气度。秦汉时期是

中国大一统的上升时期，国力强盛，都城、陵墓、宫殿、苑囿、住宅等各类建筑的规模全面发展，建筑技艺日趋成熟，风格多种多样，对后世影响深远。中国古代建筑艺术作为一个独特的体系，就是在秦汉时期基本形成的。

公元前221年，秦灭六国建立了统一的王朝后，修建了空前规模的都城、宫殿、陵墓，以及长城、驰道等举世震惊的庞大建筑工程。

首先是秦始皇对咸阳城的不断扩建。秦孝公时之咸阳城，主要以咸阳宫为主，限于渭水之北。秦始皇"徙天下豪富于咸阳十二万户。诸庙及章台、上林皆在渭南。秦每破诸侯，写放其宫室，作之咸阳北阪上，南临渭，自雍门以东至泾、渭，殿屋复道周阁相属。"①此后又在渭水南岸新建阿房宫。据记载，阿房宫规模宏大，穷奢极侈。《史记》云："乃营作朝宫渭南上林苑中。先作前殿阿房，东西五百步，南北五十丈，上可以坐万人，下可以建五丈旗。周驰为阁道，自殿下直抵南山。表南山之颠以为阙。"②现在西安西北的阿房村有大土台一处，周长200余米，高约15米，中部有三个1米多宽的花岗石柱础。据考，为阿房宫主殿的遗址。

其次是中国历史上体量最大的陵墓——秦始皇陵。秦始皇陵位于今陕西临潼骊山下，由三层方形夯土台叠置而成。下层台东西宽345米，南北长350米，逐层向上斜收，三层共高43米。陵周还有内外两重墙垣，内垣周长2.5公里，外垣周长6.3公里。据记载："穿治骊山。及并天下，天下徙送诣七十余万人，穿三泉，下铜而致椁，宫观百官奇器珍怪土徙藏满之。"③"合采金石，冶铜锢其内，漆涂其外。被以珠玉，饰以翡翠。"④"以水银为百川江河大海，机相灌输，上具天文，下具地理。……树草木以象山"，⑤以为可与天地同久。并建寝殿，以供祭祀，因而有"陵寝"

① 司马迁：《史记·秦始皇本纪》。
② 司马迁：《史记·秦始皇本纪》。
③ 司马迁：《史记·秦始皇本纪》。
④ 班固：《汉书·贾山传》。
⑤ 司马迁：《史记·秦始皇本纪》。

之称。

　　另外，秦统一中国后，秦始皇命蒙恬率兵卒30万众，将战国时各诸侯国所筑长城连成一个整体，建造了大规模的长城。"因地形，用制险塞，起临洮，至辽东，延袤万余里。"①汉代长城更是"五里一隧，十里一墩，卅里一堡，百里一城。"〔图1〕

图1　万里长城

　　汉代建筑在沿承秦制的基础上，有了新的开拓和发展，奏响了雄壮的时代音调，挺立起豪迈的历史身影。西汉长安城的巨大体量，就是此时期建筑宏大气度和风范的明证。

　　公元前187年（高祖元年）建成的西汉都城长安是当时世界上最大的城市，城周长达25公里，占地约为35平方公里，面积大约是与之同期的罗马帝国都城罗马的2.56倍。每面各开门，一门

---

①　司马迁：《史记·蒙恬列传》。

3个门洞，洞宽8米，3洞可供12辆马车并行，街宽40～50米，全城八街九陌160个闾里，共设九市。仅未央、长乐两宫就占全城总面积的三分之一，再加上桂宫、北宫和明光宫，则占全城总面积的二分之一。可见，随着中央集权制的确立，皇权被抬高到至高无上的地步，在建筑方面也充分反映出皇权的高贵。皇家建筑的原则是"高台榭、美宫室"、"非壮丽无以重威"，因此建造了大量大规模的宫殿建筑。

未央宫是长安宫城内的主要宫殿，位于长安城西南隅。其"周围二十八里，前殿东西五十丈，深十五丈，高三十五丈。"①前殿面阔长度是其进深长度的三倍多，平面呈狭长形，周长约合现制8900米，未央宫是一座庞大而宏伟的宫殿建筑群。据记载，它有宫殿、殿阁数十座，"以木兰为棼橑、文杏为梁柱，华榱壁珰，雕楹玉磶，重轩镂槛，青琐丹墀，左墄右平。黄金为壁带，间以和氏珍玉，风至其声玲珑也。"②

汉武帝太初元年（前104年），又在长安城西建造了规模更大的建章宫。史书云："帝于未央宫营造日久，以城中为小，乃于宫西跨城池作飞阁，通建章宫，构辇道以上下。辇道为阁道，可以承辇而行。"又说："宫之正门曰阊阖，高二十五丈，亦曰璧门。左凤阙，高二十五丈。右神明台，门内北起别凤阙高五十丈，对峙井干楼，高五十丈。辇道相属焉，连阁皆有罳罘。前殿下视未央，其西则商中殿，受万人。"③建章宫的形制规模之巨，由此可见一斑。

其他建筑成就也很显著。东汉时已大量出现楼房。古诗云："西北有高楼，上与浮云齐。交疏结绮窗，阿阁三重阶。"④出土的陶楼模型已达五层之高。此时还出现了角楼、石阙、华表等。

据文献记载，汉代建筑艺术的发展较以前各代更为迅速，具有中国特色的中国古典建筑艺术体业已形成。其突出表现就是

---

① 陈直：《三辅黄图校证》，陕西人民出版社1980年版，第36页。
② 陈直：《三辅黄图校证》，陕西人民出版社1980年版，第36页。
③ 陈直：《三辅黄图校证》，陕西人民出版社1980年版，第41—42、42—43页。
④ 《古诗十九首·西北有高楼》。

木构建筑渐趋成熟，砖石建筑和拱券结构有了发展。由于铁器的广泛使用，大大提高了木材、砖石等材料的加工水平，出现了细致的木榫卯、各种形制的砖及石板。这一时期木建筑的结构方式已经趋向完善，抬梁式和穿斗式两种主要的结构已经形成。作为中国古代木架建筑显著特点之一的斗拱已经出现，并得到普遍应用。虽然当时的斗拱形式不很统一，但其结构功能已然显现，即为了保护墙体、木构架和房屋的基础，而用向外挑出的斗拱托屋檐，使屋檐伸出到足够的宽度。屋顶的形式也趋于多样，以悬山顶和庑殿顶最为常见，攒尖、歇山与囤顶也已运用。在制砖技术和拱券结构方面，汉代也有了很大进步。西汉时创造了楔形砖、企口砖和有榫的砖。到了东汉，纵联拱、筒拱为主流，并出现了在长方形和方型墓室上砌筑的砖穹窿顶。

西汉以来，随着与西域交通线的开辟，许多新的材料、技术和文化艺术思想相继传入中国。从砖石拱券技术、琉璃技术乃至佛教思想及建筑艺术，都对中国产生了很大影响。特别是佛教思想和艺术的传入对中国这个缺乏宗教传统的国家来说，意义非同寻常。这粒异国种子一经撒入中国的沃土，很快就生根发芽、枝繁叶茂，进而发展成为中国传统文化不可分割的组成部分，佛教建筑也就成为中国古典建筑艺术中至关重要的内容和形式。

2. 魏晋南北朝建筑艺术的文脉变调

魏晋南北朝（公元220—589年）时期，战乱频仍，秦汉时期的建筑大都被毁。南北并立的王朝交相更替，无力营建规模巨大的城邑和宫殿，只有相对较为稳定、繁荣的北魏得以扩建都城洛阳，洛阳及其周围的宗教寺院建筑也兴盛起来。从文化史角度分析，魏晋南北朝时期发生了意义重大的文化转型和文脉变调，这直接影响了此一时期中国建筑艺术风格的形成及历史发展，实现了建筑艺术文脉的转变。

魏晋南北朝时期是中国历史上充满民族斗争和民族融合的时代，同时也是域外文化输入及宗教建筑形成与发展的时期。这期间的统治阶级利用宗教作为精神统治的工具，建造了大量的宗教建筑，特别是佛教建筑。梁武帝时，建康城中的佛寺达500多所。

唐杜牧诗云："南朝四百八十寺，多少楼台烟雨中。"①现存的栖霞山千佛岩就是南朝齐、梁时的王公贵族们施舍所造。十六国时期后赵石勒大崇佛教，兴建寺塔。北魏统治者更是不遗余力地崇佛，建都平城（山西大同）时，开凿了云冈石窟；迁都洛阳后，又开凿了龙门石窟。北魏末年，北方佛寺已多达3万多所，仅洛阳城内就达1367所。这一时期修建了许多巨大的寺、塔、石窟，制作了许多精美的雕塑、壁画。这些作品都是当时工匠们将中国原有的建筑艺术与外来文化结合而创造的艺术瑰宝。

中国传统的庭院式木架构建筑越来越多地应用于佛寺的建造。佛寺殿宇基本上采用中国固有的宫殿殿宇形式，部分受到印度建筑的影响。佛寺的布局结构日趋中国化。北魏胡灵太后于熙平元年（516年）所建洛阳永宁寺，就是典型的代表。其平面呈方形，采取纵向中轴对称布局，重要殿宇一律排列在中轴之上，而以中轴为基准呈左右对称态势。前有山门，门内立塔，塔后是庭院，庭院之后是主殿。这种寺塔合建模式，带有中国早期佛寺空间布局的一般特点，有印度佛寺遗影。整座寺院以塔与塔后主殿为主题建筑。九层木构的永宁寺佛塔就居于中央，秩序井然地分布着全寺1000多间房舍。雕梁画栋，富丽堂皇，屋宇为坡顶，气势雄伟。门楼、院墙多有壁画与雕刻做装饰。从该寺可以管窥当时佛寺建筑所取得的辉煌成就。

佛塔原是为了埋藏舍利（释迦牟尼遗骨）供佛徒礼拜而建造，传到中国后，尺度缩小变成塔刹，与东汉时已有的多层木构楼阁相结合，形成了中国式的木塔。洛阳白马寺中的佛塔是我国最早建筑的佛塔（公元75年）。除木塔外，还发展了石塔和砖塔，现存的北魏孝明帝正光元年（公元520年）所建的河南登封嵩岳寺砖塔〔图2〕就是我国最早的佛塔。是现存于地面的中国最古的伟大塔例，也是我国现存唯一的正十二边形平面的佛塔。该塔全高39.5米，底层直径约10.6米，外实而中空，其内部空间直径

① ［唐］杜牧：《七绝·江南春》，见《唐诗选》（下），人民文学出版社1978年版，第221页。

中国建筑艺术的发展与演变

建筑

4

图2　河南登封嵩岳寺塔

为5米，塔壁厚2.5米。该塔造型古朴，共15层。第一层形体高大，建于台基之上，设拱形门。第二层及以上是密接的塔檐，塔檐之间距离很短，每面每层之间做出一扇小窗模样，其实并不采光。塔刹坐落在壮伟的覆莲之上，做仰莲造型，以承受其上的"相轮"石结构。整座佛塔的形象线条和缓，向上缓缓"收分"，在质朴之中显得十分优美。

石窟寺的开凿，在佛教从印度传入后开始盛行起来。从现存石窟建筑实物来看，以新疆库车附近的克孜尔石窟为最早（公元3世纪）。其后最著名的石窟有敦煌石窟、云冈石窟和龙门石窟。敦煌石窟又名千佛洞，位于甘肃敦煌鸣沙山东麓，最早（公元336年）开凿的一窟称为莫高窟，整个石窟群因而得名。石窟群绵延1618米，有洞窟600余个，现存北魏至西魏22个。计有壁画4.5万平方米，彩塑2415身，莲花柱石和铺地花砖数千块。〔图3〕云冈石窟位于山西大同武州山（古称云冈）南麓，依山崖而凿建，全部南向，东西排列，长约1公里，现存主要洞窟53个，小窟1100余个，造像51000多尊。龙门石窟又称伊阙石窟，位于洛阳市城南伊水两岸龙门山麓。共有大小洞窟1352个，石龛750个，造像97306尊，碑刻题记3680块，佛塔39座。石窟中规模较大的佛像均由皇室或官宦贵族出资建造，窟外往往还有木建筑加以保护。

图3　敦煌莫高窟

　　佛教的传入对中国的建筑艺术产生了很大的影响。在魏晋南北朝时期建筑的雕饰中，出现了秦汉时期所没有的纹饰，如回折卷草纹、锯齿纹等等。莲花是佛教的圣花，莲花纹样盛行于佛教建筑。这一时期，莲花纹饰在建筑中已普遍采用。此时还出现了相背兽头的斗拱，吸收了波斯柱头的某些特色，狮子纹饰也受到了波斯的影响。

　　魏晋南北朝时期，自然风景式山水园林有了很大发展，呈现出一个高潮。当时除帝王苑囿外，建康和洛阳都有不少官宦贵族的私家园林。园中开池引水、堆土为山、植木聚石，构筑楼观屋宇，或作重岩复岭，或构深壑洞溪，极尽摹仿自然山水风景之能事。这种使自然山水再现于有限空间内的造园手法已普遍使用。

　　与先秦、秦汉时期相比较，魏晋南北朝时期园林艺术具有如下特点：第一，从规模看，这一时期园林的规模、尺度比以前大

为缩小。帝王苑囿是如此，民间化、世俗化的私家园林更是如此。第二，寺庙园林的兴起，为中国园林增添了一个新的类型。佛寺与园林更为紧密地融合在一起，寺院成为风景园林的组成部分。比如现存的南京风景名胜栖霞寺，就属于环境清幽、引人入胜的寺观园林。第三，士人园林的诞生，成为这一时期园林艺术富于个性魅力的代表。从皇家苑囿到士人园林的转型，开启了后代文人园林发展的大门。第四，开始把园林景观与山水自然看做人格的延伸，着意向清雅、含蓄、宁静的方向发展。士人园林注重山水景观营构，因为园林"静"水，涵玄、雅洁，能体现"致虚极，守静笃"的玄学之道。

3.隋唐建筑艺术的恢弘壮阔

隋唐时期国力强大，是中国古代社会的鼎盛时期。建筑艺术在继承前人的基础上，大有创新，风格雄浑，气象阔大，一派盛世风貌，体现出史诗般的恢弘气度和磅礴之势。大运河的开凿，赵州桥的建造，堪称中国建筑史上的华章彩页；长安、洛阳、扬州是这一时期城市建

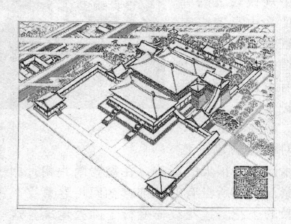

图4 大明宫麟德殿复原图

筑的代表之作；长安大明宫、洛阳明堂是当时最宏伟的宫廷建筑；宗教建筑也迅猛发展，呈现出有容乃大的气概。〔图4〕

隋朝统一中国后，开凿了伟大的水利工程——大运河。它北起涿郡（北京），南至杭州，跨越黄河、长江，全长2500公里，成为南北交通的大动脉，大大促进了中国南北地区经济文化的交流。隋唐的另一项伟大工程，是隋大业年间（公元605—617年）由李春设计、主持建造的河北赵州安济桥。它是现今世界上最古老的

敞肩石拱桥，是我国石拱结构桥中的瑰宝。其工艺之高超与精湛，堪称古代世界桥梁史之一绝。李春创造出大弧形石券的两肩又各有两个小石券的形式，使得洪水暴发时能得到很好的疏导，还减轻了石桥自身的重量。时至今日，不仅仍以其优美的造型为世人所惊叹，而且在工程意义上还在继续发挥作用。

隋文帝于开皇二年（582年）兴建新都大兴城，东西18里，南北15里，其规模宏大、区域分明以及街道的规整划一，都超过了历代都城。唐代的长安城，就是以大兴城为基础，建设成为当时世界上最大的城市的。长安城东西9721米，南北8651.7米，周长36公里，面积为84.10平方公里，人口达100余万，几乎是世界古代名城巴格达的2.8倍，罗马的6.2倍，拜占庭的7倍，长安宫城与皇城之间的横街之宽竟达220米。可见它是古代名副其实的天下第一帝都。

长安的宫殿建筑群也是体量恢弘、尺度巨大。始建于唐贞观八年（634年）的大明宫位于长安城东北，面积3.3平方公里。其中含元殿建于龙首原高十余米的高地上，有据高俯瞰之雄姿。它以龙首原为殿基，殿面阔为11间制，其前辟大道75米。"殿左右有砌道盘上。谓之龙尾道。殿陛上高于平地四十余尺，南去丹凤门四百步。"①含元殿平面呈"凹"字形，其主体殿宇左右前方又建翔鸾、楼凤两阁，殿前广场宽阔，又据以高地，其形象雄伟、气宇轩昂，有"仰瞻玉座，如在霄汉"之势。大明宫的另一宫殿麟德殿，由纵向三座殿阁构成，面阔也为11间制，进深竟达17间，其面积相当于明清紫禁城太和殿的三倍。

唐代陵墓多"因山起陵"，这是唐代建筑恢弘气象的又一体现。唐太宗的昭陵就建在海拔1188米的九嵕峰中，因山凿石为墓穴，从埏道至墓室深度达230米，埏道设石门5道，墓室有如"中宫"，墓主安卧其间。地面建筑北有祭坛，东西53.5米，南北86.5米；西南设"下宫"，东西337米，南北334米。陵前有著名的"昭陵六骏"石刻浮雕之作，其风格浑朴，极有力度，鲜明体现了大

中国建筑艺术的发展与演变

建

筑

4

---

① 《两京记》，转引自梁思成：《中国建筑史》，百花文艺出版社1998年版，第97页。

唐风范。由于"因山起陵",使整个山体都陵体化了,所以昭陵的巨硕,令人瞠目,其周长60公里,面积达30万亩,大唐气魄,谁能堪比?

寺塔等宗教建筑也体现出"有容乃大"的大唐气度。寺院建筑规模宏巨,如左街靖善坊的大兴善寺就是一个代表,史书云:其"寺殿祭广,为京城之最"者,莫如大兴善寺。寺尽一坊之地,其大殿"曰大兴佛殿,制度与太庙同","天王阁其形高大,为天下之最"。①唐代寺院的平面布局,以殿堂、门廊等构成以庭院为单元的群体,如著名的大慈恩寺"凡十余院,总一千八百九十七间,敕度三百僧。"②该寺恢弘无比,赫然唐风。

我国现存最早的成熟的木构建筑实物出自唐代。山西五台山南禅寺〔图5〕正殿和佛光寺〔图6〕正殿堪称中国建筑史上的"国之瑰宝"。建于唐建中三年(782年)的

图5 山西五台山南禅寺大殿

南禅寺正殿近似正方形,三开间,宽11.75米,进深10米。单檐歇山顶,出檐平缓有力,檐柱12根,殿内无柱。整体比例尺度极为和谐舒展,是古代建筑的精品。虽形体不大,却体现出大唐建筑雄浑、有力、坚实沉稳的艺术风格。建于唐大中十一年(857

---

① 《长安志》,转引自梁思成:《中国建筑史》,百花文艺出版社1998年出版,第101页
② 《寺塔记》,转引自王振复:《中国建筑的文化历程》,上海人民出版社2000出版,第141页。

图6　山西五台山佛光寺正殿

年）的佛光寺正殿在技艺上，比南禅寺正殿更值得称道，它是唐代木构殿宇的典范之作。佛光寺正殿面阔7间，长34米；进深4间，宽17.66米，平面呈长方形。除具有南禅寺正殿雄浑、疏朗、稳定的造型外，采用"内外槽"平面布局，以列柱和柱上的阑额构建内外两圈的柱架结构。其构架的特点是由上、中、下三层叠加组合而成，斗拱也是现存古建筑中伸出最远、层数最多的，上覆单檐庑殿板瓦屋顶。充分体现了对阳刚、雄健、庄严、明丽的美学意蕴的追求。

唐代佛塔以木构为主。武则天时曾倾四海之财，殚万人之力，穷山林之木以为塔，但由于木构易遭天摧人毁，故而现存唐塔大都是砖塔，如著名的玄奘塔、香积寺塔、大雁塔〔图7〕、小雁塔、千寻塔等。唐代佛塔的特点，一是已经不再位于建筑组群的中心位置，这主要是因为中国人的审美口味所使然；

图7　西安大雁塔

中国建筑艺术的发展与演变

建筑4

二是塔的平面大都是正方形，因为从形式美规律看，方形显得大气，如大雁塔。重建于武后长安中（701—704年）的大雁塔，高64米，内部也是平面正方形的空间。砖塔表面每层以砖砌出仿木结构的方形壁柱、额枋和柱头上的栌斗，各层四面正中辟圆券门洞，屋檐都是砖叠涩挑出。整体形象简洁、稳定、敦实、大气磅礴。

如前所说，隋唐是我国封建社会的鼎盛时期。社会经济文化繁荣昌盛，到唐中叶开元、天宝年间（713—755年）达到了极盛时期，建筑技术和艺术也达到了巅峰状态。隋唐建筑艺术主要有以下成就和特征：

第一，规模宏伟的城市规划。隋文帝时所建的大兴城和隋炀帝时建的洛阳城，在唐代被进一步充实发展成为东、西二京。这两座城市是我国古代规划严整、有着严格方格网道路系统的城市规划的范例，其影响之大，已波及日本等国的城市建设规划。

第二，建筑群体的布局有了空间感。以大明宫为例，从丹凤门经第二道门至龙尾道、含元殿，再经宣德殿、紫宸殿和太液池南岸的殿宇而到达蓬莱山，这条轴线长约1600余米。含元殿利用自然高地做殿基，加上两侧双阁的陪衬和轴线上空间的变化，造成了朝廷所追求的威严氛围。

第三，解决了木构建筑的大面积、大体量的技术问题，并已定型化。例如大明宫麟德殿，面积约5000平方米，采用柱网布置；含元殿则用减去中间一列柱子的办法加大空间，使跨度达到10米。从现存五台山南禅寺正殿和佛光寺正殿来看，当时木构架特别是斗拱部分，构件形式及用料都已规格化，反映出当时用材制度、施工水平的进步和提高。

第四，砖石建筑有了进一步发展，佛塔采用砖石构筑者增多。唐代砖塔有楼阁式、密檐式和单层塔三种，其中楼阁式砖塔是由木塔演变而来；密檐式塔平面多为方形，外轮廓大气；单层塔多为僧人墓塔。唐代砖石塔的外形，已开始朝仿木建筑的方向发展。

第五，建筑艺术日臻成熟。唐代建筑风格的特点是气魄宏伟，严整而又开朗，没有纯装饰构件，没有为装饰而破坏建筑材料的性能。例如斗拱的结构功能极其鲜明，华拱是挑出的悬臂梁，下昂是挑出的斜梁，都有承托屋檐的功能。其他如柱子卷杀、斗拱卷杀、梁的加工都突现出构件功能与形象之间的内在联系。建筑色调简洁明快，屋顶舒展，门窗朴实无华，给人以庄重大方的感受。

总之，唐代建筑艺术的恢弘壮阔处处可见，如广泛吸收外域建筑艺术精华就是典型例证。五台山佛光寺中释迦玉石像有揵陀罗式发卷；乾陵"天马"雕像两翼具有波斯、希腊风格的缠枝卷叶忍冬纹样；长安里坊民居建筑有西域的忍冬图案和葡萄纹样；长安宫殿和贵族府第上有来自拜占庭的引水上屋装制。唐代建筑艺术的胸襟是博大而海纳百川式的。

4.宋元建筑艺术的清逸严谨

唐帝国衰亡之后，经过半个世纪的"五代十国"战乱，于公元960年赵宋王朝建立。宋朝分为北宋和南宋两个时期，那时，北方先后有辽、金两个政权与之对峙。其后，金与南宋相继被元朝（1206—1368年）所灭。宋元时代的中国建筑，上承隋唐，下启明清，在纷繁复杂的历史形态中，一般表现出清逸严谨的艺术风格，并进入中国建筑理论的成熟期。

宋代城市繁荣，社会安定，建筑艺术也由此发生了巨大变化。宋代建筑风格清逸严谨、秀美精巧，建筑造型柔和绚丽、丰富多彩。宋代各类建筑都很发达，城市以汴京为著，寺观以晋词和隆兴寺闻名，佛塔数开封铁塔和杭州六和塔为最。文献《营造法式》规定了建筑上模数制度，使设计与施工进一步规范化，建筑艺术水平也达到了新的高度。辽代建筑前期主要吸收唐代建筑风格；后期则掺入了宋代的建筑理念。金朝完全继承和发展了宋人的建筑格式。元代以大都城和喇嘛教建筑最有代表性。

北宋首都汴京（时称东京，今开封），其外城周长仅为19公里，内城位置在外城中部偏于西北，周长仅9公里，加上宫城共分三层。宫城面积更小，约为内城的七分之一，周长仅2.5公里，里面建有龙亭，城北还建有艮岳，西城外则有金明池。汴京的规

模远逊于唐代长安，但人烟稠密、市井繁华，"比汉唐京邑繁庶，十倍其人"，"栋宇密接，略无容隙。"①致使"甲第星罗，比屋鳞次，坊无广巷，市不通骑。"②元大都规模大一些，南北长7400米，东西宽6650米，周长约28公里，比北宋汴京周长长出三分之一，面积约50平方公里，但比起面积84平方公里的唐都长安，又相去甚远。都市面积的缩小，反映出宋元时代文化心态和审美理想的变化。

宋元时代城市结构和功能也发生了根本性变化。唐以前的封建都城，都实行夜禁和里坊制度，晚上把居民关在里坊中，并有吏卒看守，以保证统治者的安全。到了宋代，都城汴京虽仍保留"坊"的名称，但实际上功能已经改变。据《东京梦华录》和《续资治通鉴长编》载，汴京已经拆除里坊四周的围墙，使住家和商业贸易、手工业作坊等直接面对街道，形成了临街设店的平面布局，并且取消夜禁制度。大量作坊、旅店、酒楼、市场沿街兴建起来，甚至形成按行业成街、成市的局面。整个汴京，已然是一座商业城市的面貌了。

72

刘敦桢先生在他主编的《中国古代建筑史》中说："宋朝建筑的规模一般比唐朝小，无论组群与单体建筑都没有唐朝那种宏伟刚健的风格。"③《中国建筑史》也指出："北宋宫殿布局不如唐代恢廓。"④不仅仅尺度较大的宫殿组群在宋元已不多见，而且个体形象也多幽雅柔逸之风采。宋元宫殿的造型尤其屋顶形象，颇具清雅、秀逸之气。一般宫殿的屋顶檐口，已不如唐代宫殿那般厚重。坡度稍有加大，不像唐代宫殿屋顶那般舒展。屋脊、屋角有起翘之势，给人以轻灵、柔美、秀气的感觉，不像唐代那样浑朴。斗拱尺度趋小，雕饰与彩绘丰富、细腻，尤其建筑的大木作、小木作做工趋于精细，这增添了宋元宫殿建筑形象的清逸神韵。

值得注意的是，园林之清雅柔逸气质还渗融于祠庙建筑空间

① 《宋会要》。
② 《汴京遗迹志》。
③ 转引自王振复：《中国建筑的文化历程》，上海人民出版社2000年版，第176页。
④ 转引自王振复：《中国建筑的文化历程》，上海人民出版社2000年版，第176页。

环境。这种经人工改造过的自然美因素，增添了土木建筑的清丽秀雅之特色。山西太原晋祠圣母殿就是综合了园林柔逸因素的一座著名建筑。建于北宋天圣年间（1023—1031）的圣母殿位于悬瓮山麓晋祠的西端，是晋祠的主题建筑。该殿坐北朝南，为面阔7间、进深6间制、重檐九脊顶式建筑。其四周设以围廊，前廊进深达两间，使廊宇显得十分舒展，下部留下大片阴影。由于角柱升起很多，上檐的角柱升起更甚，使得整座殿宇的重檐大屋顶有微微反翘之势，檐端呈平缓曲折的弧形，而檐口较薄，更显得这座建筑具有轻灵、舒缓之美。该殿前廊实际是一个深达7米的敞厅，8根木雕蟠龙柱精美非凡。宋时著名寺庙建筑还有河北正

图 8　天津蓟县独乐寺观音阁

定隆兴寺（北宋）、天津蓟县独乐寺（辽）等。〔图 8〕

　　元代木构宗教建筑的代表是山西洪洞县的广胜寺和芮城县的永乐宫。元中统三年（1262）建成的永乐宫是一座重要的道教建筑，轴线上尚存元代一组建筑，共 4 座大殿。龙虎、三清两殿为庑殿顶，纯阳、重阳二殿为歇山顶，正殿三清殿大木作做法严谨

规整，较多地保存了宋代建筑的传统，顶上两支元代孔雀蓝釉龙吻为海内独有。永乐宫三座大殿内都留存下来大量壁画，艺术水平极高，是我国元代壁画的典范之作。

佛塔建筑也发生了较大变化。木塔已较少见，绝大多数已是楼阁式砖石塔，标志着砖石建筑的水平已达到新高度。塔身多为筒体结构，平面多为八角形（少数为方形、六角形）。具有代表性的佛塔有：河南开封开宝寺塔、浙江杭州六和塔、河北定县开元寺瞭敌塔、北京天宁寺塔、福建泉州开元寺双塔、山西应县木塔等。其中河南开封开宝寺塔是我国现存最早的琉璃塔；福建泉州开元寺双塔，高40米，是我国规模最大的石塔；约建于公元1100—1120年的北京天宁寺塔，仿木结构、砖砌密檐，技艺精湛；坐落在钱塘江北岸的杭州六和塔，高60米，八角十三层楼阁式木檐砖塔，巍峨高峻，雅致清丽。

开封开宝寺塔（后易名佑国寺塔）即著名的开封铁塔〔图9〕，由我国古代著名建筑学家喻浩于北宋太平兴国七年（982年）所建，原为木塔，八角十三层，高120米，被雷火毁坏后依原型重建，为木构楼阁式砖塔。因外壁镶嵌褐色花砖和琉璃瓦近似铁色，故

图9　河南开封铁塔

俗称铁塔。塔身采用 28 种标准砖型褐色琉璃砖拼砌而成，还砌有仿木结构门窗、柱子、斗额枋、塔檐、平座等。琉璃砖面饰有 50 余种人物与动植物图案，雕工精细，神态生动，为宋代琉璃砖雕艺术中的佳作。

应县木塔正式名称为佛宫寺释迦塔，始建于辽清宁二年（1056 年），是当今世界现存最大、最高、最古老的木构塔建筑。塔平面为八角形，外观五层六檐，为楼阁式，建在 4 米高的台基上，塔高 67.3 米，塔刹高 10 米，底层直径 30.27 米，形体之高大，在现存佛塔中极为罕见。各层塔檐出挑较深，配以平坐与走廊，塔内使用了斜撑、梁和短柱，塔体虽庞大但显稳重而不臃肿，给人以雄浑的美感。全塔内外共使用 54 种斗拱，而未使用一颗铁钉，手法简洁，结构严谨，造型庄重壮丽，风格含蓄平实，工艺技艺可谓"鬼斧神工"，具有极高的艺术价值。

宋代建造的虹桥是当时桥梁建筑艺术的代表作之一。它是一种独特的单跨木拱桥，结构极为简洁，桥体却十分坚固，由巨木接成拱状，不用支柱，宛如一条长虹，故名虹桥。该桥在名画《清明上河图》中有形象描绘。金大定二十九年（1189）至明昌三年（1192）建造的卢沟桥，为石砌 11 孔连拱桥，桥中心桥孔跨度为 21.6 米，桥长 212 米，加两端引桥共 266.5 米，宽 9.5 米。桥两侧的桥栏有石雕栏板 279 块，柱 281 根，每根柱头都雕有石狮，大小总共 485 只，形态各异，造型美观。由于精美的石雕、宏伟的工程和"卢沟晓月"的胜景，故而早在金代就成为燕京八景之一，受到元代来朝的意大利旅行家马可·波罗的高度赞誉。

元代时，域外文化对中国建筑艺术再度产生影响。随着各民族的文化交流，喇嘛教和伊斯兰教建筑艺术逐步影响到全国各地，使当时的宫殿、寺、塔及雕塑呈现出了异域风采。由于喇嘛教在元朝得到提倡，不仅在西藏发展，内地也出现了喇嘛教寺院，喇嘛塔也成了我国佛塔的重要类型之一。

宋元时期，木构架建筑建立了古典的模数制。有关文献中开始把"材"作为造屋的标准，即木构架建筑的用"材"尺寸分成大小八等，按屋宇的大小、主次、量屋用"材"。"材"一经选定，

中国建筑艺术的发展与演变

建

筑

4

木构架部件的尺寸都整套地随之而来。这一时期，建筑形式转向秀丽轻巧，殿堂平面出现了工字型、亚字型，屋顶出现了十字脊、丁字脊。此时建筑装修与色彩也有很大发展。如唐代多采用板门与直棂窗，宋代则大量使用格子门、格子窗、阑槛钩窗。唐代以前建筑色彩以朱、白两色为主，门窗上用一部分青绿色和金角叶、金钉作为点缀。到了宋代，木构架部分采用各种华丽的彩画，屋顶部分大量使用琉璃瓦，建筑的外观变得更加华丽了。

宋元建筑艺术的发展还突出表现在建筑理论上。北宋李诫于元符三年（1100年）编纂的《营造法式》是由官方颁布的一部关于古代建筑科学技术、"材·分"模数制度和宫室伦理学的建筑设计与施工的规范性著作，是中国古籍中论述和保存最完整的一部建筑技术与艺术的文献。全书36卷，357篇，它比较全面地总结了北宋以前尤其是北宋的木结构建筑经验，制定出建筑操作的种种规范，因此具有很强有可操作性。在钦定的种种建筑规范中，具有丰富的中国古代建筑的科学技术知识和艺术与伦理内容。尤其该书总结出的"材·分"模数制度，具有重大的建筑理论价值，成为中国古代建筑理论成熟的标志。

5.明清时期中国古代建筑艺术的集成与终结

明清时期（1368—1911年）是中国封建社会的晚期。随着经济文化的发展，建筑艺术也达到新的高峰，建筑业趋向程式化、定型化，建筑规模不断扩大，但建筑装饰也变得烦琐复杂起来。在建筑艺术史上，这既是一个百川归海式的集大成时代，又是一个古典建筑艺术走向终结的时代。

都城建设尚"大"之风，在明初所建的紫禁城及整个北京城的宏大规模上体现出来。北京城是在元大都的基础上建造起来的。明成祖永乐十五年（1417年）始建北京，后经扩建乃成。全城分为宫城、皇城、内城和外城四重，以一条南起永定门、北达钟鼓楼的中轴线对称展开。内城东西6.65公里，南北5.35公里。面积为35.6平方公里。外城在内城之南，东西7.95公里，南北3.10公里，面积24.6平方公里，为嘉靖三十二年（1553年）所扩建。总面积为60.2平方公里。就此，北京营建成一座规模严整、庄严雄伟的世界名都，在当时是世界著名大都市中规模最大的城市。

　　建于明初的宫城（紫禁城），是现存世界上最大的宫殿建筑群，它南北长960米，东西宽760米，占地73万方米，现存建筑面积15.5万平方米，内有大小房间近万间，四周有高10米的红色宫墙。宫城分外朝和内廷两部分，外朝以太和殿〔图10〕、中和殿、保和殿为中心，内廷以乾清宫、交泰殿和坤宁宫为中心，都坐落在纵贯南北的中轴线上，其中明永乐十八年（1420年）建成的太和殿高约35米，进深约37米，宽约64米，由72根大木柱支撑，建在高8米的三层台基上，十分庄严雄伟，体现出皇权至高无上的封建统治思想。

图10　北京故宫太和殿

　　在故都北京，伟居"天下之最"的建筑还有不少。如明长城分属九镇，东起山海关西至嘉峪关，全长6700公里，如将复线计入，则还要长得多。城墙高约6.6米，墙基宽约6米，墙顶宽约5米，砖石砌筑，石灰灌浆，随山就势，蜿蜒曲折，磅礴壮阔，无

中国建筑艺术的发展与演变

建

筑

4

以复加。又如十三陵陵区面积达 54 平方公里。其中建成于明永乐二十二年（1424 年）的长陵规模最大，长陵祾恩殿是世界上面积最大的地面陵寝建筑。面阔九间，殿内有内柱 32 根，外柱 30 根，柱数之多，世前罕见。中间四根巨柱，柱径达 1.17 米，高 12 米，整根香楠木制成。陵区入口处的石牌坊，也是世界上体量最大的木构牌坊。

明清时期，不仅各地所筑城墙都采用砖砌，而且民居建筑也已普遍采用砖砌。在明代，制砖的质量和加工技术都有了很大提高，砖雕艺术已很娴熟。由于大量应用空斗墙，从而节省了用砖量，推动了砖墙的普及。随着砌砖技术的发展，还出现了全部用砖拱砌成的建筑物——无梁殿。无梁殿不仅能防火，而且节省了木材，因此大都为佛寺的藏经楼和皇室的档案库所采用，如南京灵谷寺无梁殿、北京故宫皇史宬、山西太原永祚寺和苏州开元寺无梁殿等。

琉璃面砖、琉璃瓦的质量也大大提高，应用面更加广泛。虽然琉璃瓦早在公元前 10 世纪西周初就已出现，但在北魏时才广泛应用于建筑。经过不断改进，从宋元到明清，用琉璃构件的整体建筑也出现了。明代琉璃瓦用白泥、瓷土制胎，烧成后强度高、质地硬，更广泛用于塔、门、照壁等建筑。明初建造的南京报恩寺塔，高 80 余米，是一座九层的楼阁式砖塔，琉璃砖镶面，采用表面有浮雕的带榫卯的预制构件，镶砌于塔的外表，组成五彩缤纷的各种图案和仿木建筑的构件。

木构建筑经过元代的简化，到明代形成了新的、定型的木构架，梁柱的整体性加强了。木结构的设计更为规范，出现了木工专著《鲁班营造正式》，该书是明代民间房舍建筑与家具制作的经验总结。由于明代宫殿、庙宇建筑的墙已用砖砌，屋顶出檐就可以减少，斗拱作用也相应减少。但由于宫殿、庙宇要求豪华、富丽的外观，因此失去了原来意义的斗拱不但没有消失，反而变得更加繁密，成了木构架上的装饰物。如故宫三大殿和孔庙核心建筑大成殿，就是典型代表。大成殿面阔七间、进深四间，四周围廊，木架斗拱，覆重檐歇山顶，坐落在两层石台上，正面十柱雕满盘龙，装饰华丽繁复。

　　明清时，建筑群的布局更为成熟。南京明孝陵和北京十三陵是善于利用地形和环境来形成陵墓肃穆气氛的杰出实例。明代建成的天坛则是我国封建社会末期建筑群处理的典型范例。始建于明永乐十八年（1420年）的天坛是明清两朝皇帝祭天的地方，是我国坛庙建筑的代表作。

　　天坛包括圜丘〔图11〕、祈年殿〔图12〕、皇穹宇、回音壁、丹陛桥以及四周围墙等。外墙东西1725米，南北1650米，占地273公顷。建筑物以圜丘与祈年殿最为重要。圜丘位于南北中轴线的南端，以白石铺砌，三层圆台，下层直径为54.7米，上层直径为23.5米，坛高5米。圜丘无屋宇覆盖，露天坛面，广博而壮阔，有情接蓝天苍穹之意蕴。祈年殿位于中轴线北端，耸立于一

中国建筑艺术的发展与演变

建筑

4

图11　北京天坛圜丘

图12 北京天坛祈年殿

个砖砌的高台基之上，殿平面直径32.7米，高38米，三重屋檐，圆形攒尖顶，覆以蓝色琉璃瓦，顶端为鎏金宝顶，与周围环境极为和谐。殿身以内外二圈檐柱、金柱稳稳撑持，每圈12柱，承托下层与中层腰檐；中部另加4根巨柱承载上檐与层顶，柱高19.2米，通体红地金花缠枝莲彩绘，以及天花、藻井，极为灿烂。

明代中期，江南商业迅速发展，中小城镇随之兴起，促使建筑的繁荣。除了都城、宫殿外，住宅、会馆、戏院、旅店、餐馆、宗祠建筑也大量兴建，尤其是江南园林，在宋元私家园林的基础上发展到极致，成为中国建筑的一颗明珠。当时，官僚地主兴建私园蔚然成风，给后世留下了一些别具特色的园林佳作，如苏州拙政园、留园、网师园、狮子林等。园林风格已明显地趋向于建筑物和用石量的增多，假山追求奇峰怪洞，计成所著《园冶》一书的出现，说明园林艺术的成熟。

在清代，园林的建造达到了鼎盛，苑囿规模之大、数量之多，是任何朝代都无法比拟的。承德的避暑山庄、北京的"三山五园"，都是著名的代表。圆明园、避暑山庄和颐和园，体现了中国皇家园林艺术的最高水平，其景观中的建筑部分具有"皇家气派盖古今"的特色。

颐和园位于北京城西北，全园290公顷，其中水面占四分之三，山丘、平地、岛屿占四分之一。园区北部为万寿山，山南有昆明湖，西面借景玉泉山诸峰，风景佳丽。园内有建筑3000余间，是现存中国最完整的大型皇家园林。颐和园艺术成就极高，宏观自然有山有水，造成了视野开阔的自然空间与水汽迷濛的灵动氛围。该园分四个区域：万寿山之东为宫殿区和寝宫；山前以排云殿、佛香阁为中心，气势宏伟，是全园的标志性建筑；后山河道曲折有致，山重水复，苍松垂柳，气氛宁静古雅；后湖长堤、白桥富有杭州西湖之风情。景观之丰富，达到了山水、花木、建筑统一和谐的审美境界。（参见第七章图37、图38。）

在宗教建筑中，喇嘛教建筑大为兴盛。由于蒙、藏民族的崇信和清朝统治者的提倡，兴建了大批喇嘛教建筑，避暑山庄周围

图13　河北承德外八庙之普陀宗承庙

中国建筑艺术的发展与演变

建筑4

的外八庙和清初重建的拉萨布达拉宫是典型代表。〔图13〕

布达拉宫地处西藏拉萨市西北，重建于清初顺治二年（1645年），是我国最著名的宫堡式建筑群，也是世界上最大的藏式喇嘛教寺院建筑群。"布达拉"是梵语，意为"佛教圣地"。布达拉宫依山而建，总高200多米，共13层，内有佛殿、经堂、政厅、藏经楼、庭院、宫顶、金塔和最底层的监牢。主殿高达117米，南北宽500米，东西长360米，占地面积2万多平方米。宫殿分白宫和红宫，红宫居于白宫的中央部分，系建筑的中心。红宫上面有三座汉式金殿，五座金塔，用金皮包裹，在阳光下熠熠生辉，光彩照人，将建筑群点缀得更加富丽、雄伟。

清代官式建筑在明代定型化的基础上，用官方规范的形式固定下来。清雍正年间编修颁布的《清工部工程做法则例》，是一部清代宫廷建筑的法规，它既是中国以往宫廷建筑的经验总结，又为清代宫廷建筑的营建、修缮与设计提供了准则。《则例》中列举了27种单体建筑的大木做法，还对斗拱、石作、瓦作等做法和用工、用料做了细致的规定。这样，明清建筑继汉唐、宋元建筑之后，成为中国封建社会的最后一个高潮，它既是中国古典建筑艺术的集大成时期，又是中国古典建筑艺术的终结时期。

三、中国近现代建筑艺术的演变与当代建筑艺术的发展趋势

1.中国近现代建筑艺术的转型

中国近现代史常把鸦片战争作为一个标志，鸦片战争以后中国进入了半封建半殖民地历史时期，一方面中国的封建主义经济结构逐渐解体，另一方面列强开始入侵中国。从1840鸦片战争到1895年的甲午战争，上海、广州、天津、武汉已经出现了大片的租界地，青岛、大连、哈尔滨沦为德、俄、日帝国主义占领的殖民地城市。辛亥革命结束了封建王朝的统治，"五四"新文化运动打开了闭关锁国的思想之窗。

中国近代史上这一系列重大历史事件，带来了一系列历史巨变。现代意义上的城市出现了，现代意义上的工厂出现了，现代意义上的建筑类型和项目出现了，比如学校、医院、火车站、会堂、戏院、电影院等等新建筑在一些大城市纷纷涌现。新的生产方式、新的工作方式、新的生活方式引发了新的建筑艺术的流变。

封建时代，建筑的样式有官式和民式之分，或称"大式"和"小式"。大式的宫殿或庙宇多有讲究，而小式的建筑主要是约定俗成的各族民宅。建筑形式趋于"法式"操作，流于一致和单调。而新的建筑类型的出现，必然形成新的建筑样式。一方面是国内自发孕育而成的建筑革新的要求，另一方面是国外建筑潮流的涌入。19世纪末和20世纪初，在世界范围内主要是盛行折中主义。外国洋行的打样间和设计机构，在我国一些大城市推行带有各国特色的折中主义建筑风格，建成了一大批标志性的建筑，如上海的汇丰银行大楼、上海的沙逊大厦、上海的百老汇大厦，天津的劝业场。到了20世纪二三十年代，功能主义和现代主义风格也很快传到了中国，因此出现了像上海大光明电影院、天津渤海大楼、大连火车站等简洁、明快风格的公共建筑。

在20世纪中国建筑转型过程中，所谓"中国固有形式"的创作道路和建筑风格，曾经大为盛行。从大学校园到政府办公大楼，博物馆、医院、图书馆，以至商业店面，遍及全国主要大城市，如原北京燕京大学、辅仁大学、协和医院、南京金陵大学、原上海市政府大楼、原上海市图书馆等。这些建筑的特点是在多层砖石或框架结构的主体建筑采用传统的中国式大屋顶，及传统的中国古建筑的装饰细部，以达到保留传统文化，发扬国粹精神的目的。在这股潮流中曾经出现了不少颇有创意的作品，其中最为优秀的作品可以算是1926年开始兴建的南京中山陵（参见第七章图39）建筑群体，这是当时通过设计竞赛获得头奖的青年建筑师吕彦直先生的设计方案。这个作品无论是从立意构思、总体布局，或是从建筑造型、细部处理来看，都不愧为成功之作，成为我国建筑史上不朽的里程碑。〔图14〕

新中国成立之后的前十年，由于经济建设处于恢复阶段，建筑创作强调经济因素，厉行节约，反对复古主义。为了展示建国

中国建筑艺术的发展与演变

建
筑

4

十周年的成就，庆祝十周年国庆，北京"十大建筑"的创作是我国建筑创作领域第一次热潮。在这次热潮中诞生了一批成功的作品，成为新中国第一批标志性建筑，如北京中国美术馆、国家历史与革命博物馆、北京民族文化宫、北京火车站等大型建筑。这些建筑功能合理、美观、大方，有中国气派，受到国人欢迎，在艺术上是成功的，较好地体现了当时的创作指导思想"社会主义的内容、民族的形式"的要求。

图14　南京中山陵博爱坊

　　20世纪60年代初，以广州市建筑设计院为主的一群建筑师，设计建成了一批具有特色的公共建筑，如广州白云宾馆、矿泉客舍、广州友谊剧院等，引起了全国建筑师的瞩目。他们突出了建筑的空间性特征，恰当地运用了国际现代主义的手法，把我国的传统园林手法与现代主义空间概念巧妙地结合在一起，做到了功能上经济适用，空间上灵活通透，形式上轻巧多变，环境上多姿多彩。

　　然而在计划经济体制下，大多数建筑师的地位和作用没有得到应有的发挥，在创作指导思想上追求一致性，徘徊在是"中而新"，还是"新而中"，是时代性为主，还是民族性为主等思想框框之中，因而建筑艺术出现了"千篇一律"的局面。

2. 当代中国建筑艺术及其发展趋势

改革开放的强大活力，推动了我国各项事业的发展。建筑事业在上世纪80年代初就开始升温，建筑师的潜力得到了发挥，"千篇一律"的局面很快就成为了过去。由于开放政策的推动，建筑界大力引进国外的信息和动向，与此同时，境外发达地区和发达国家的建筑师纷纷进入国内设计市场，他们的一些作品对国内的建筑师的观念也产生相当大的影响。比如北京的香山饭店、长城饭店、上海的上海商城、天津的水晶宫饭店等建筑，成为国内建筑师效仿的样板。

20世纪80年代以来，国际上流派纷呈，传播迅速。其中后现代主义和美国KPF等建筑事务所的理论和作品对我国影响很大，建筑上随意套用后现代主义的手法和符号，不少办公建筑和高层建筑模仿美国KPF等事务所的作品，形成一种"集仿"的创作状态。同时由于设计受商业行为的干扰，不少建筑杂乱粗放，缺乏个性特色。

进入90年代，一是中国本土建筑师开始成熟，不再盲目跟风，面对国外建筑流派和思潮有了自己的主张。二是建筑教育质量的提高，一代青年建筑师崭露头角。三是"海归派"的出色表现。四是设计体制的逐步理顺。这些改革的成功为我国建筑艺术质量的提高提供了资源性的动力。因此，一些具有艺术魅力的作品不断涌现。上海东方明珠电视塔、上海龙柏饭店、上海博物馆、北京国际展览中心、北京奥运会场馆，清华大学图书馆新馆（参见第七章图41）、北京外研社办公楼（参见第七章图42）、河南博物馆、威海甲午海战馆等建筑物，以他们独特的构思，精细的设计，个性化的表现，在世纪末的竞争大潮中脱颖而出，为20世纪末中国当代建筑艺术的发展做出了贡献。

中国建筑艺术的发展与演变

建筑

4

第五章　西方建筑艺术的历史发展

XIFANG JIANZHU YISHU DE LISHI FAZHAN

　　建筑活动是人类开始由采集转为狩猎及种植并出现群居生活的产物。随着原始人的定居，开始有了村落的雏形，还出现了不少宗教性与纪念性的原始建筑，这可以说是建筑艺术的最初形态吧。

　　人类大规模的建筑活动是从奴隶制社会建立以后开始的。埃及是世界上出现最早的奴隶制国家之一，是世界文化最早的发祥地之一，也是西方建筑文化的源头。古代西方文明是从地中海沿岸产生的，古希腊是西方文化的摇篮，古希腊建筑也是西方建筑艺术的发端。古罗马在继承古希腊建筑文明精华的同时，把奴隶时代的建筑艺术推向了最高峰。

　　本章除溯源至古埃及以及古希腊、古罗马建筑艺术外，还要述及作为它们的继承和发展的西方中世纪建筑艺术、文艺复兴时期的建筑艺术和西方近现代建筑艺术。

一、古代西方建筑艺术的源头

古代西方建筑艺术的源头可以追溯到古代埃及。古代埃及由于奴隶制中央集权的出现，使得召集具有专门技术的工匠和众多奴隶从事建筑活动成为可能。除了世俗建筑以外，服务于皇帝的宫殿、陵墓和庙宇成了主要建筑物，像人们所熟知的金字塔、神庙等。作为西方建筑艺术的摇篮，古希腊建筑的一些形制、石制梁柱构件和组合的艺术形式，以及建筑物和建筑群设计的一些原则，都深深地影响着西方两千多年的建筑史。古希腊建筑至今仍是西方多种建筑风格的基础，在人类建筑史上占有特别重要的地位。古罗马在吸取和继承古希腊建筑艺术的基础上，发展了大量的公共建筑，为实用建筑艺术耕耘出一片沃土，对后世产生了巨大影响。

1. 古代埃及建筑艺术

人类最古老最伟大的建筑艺术诞生在埃及。古埃及的建筑艺术主要体现在规模宏大的建筑群。在这些建筑群里的巨型建筑物中，最具代表性的就是金字塔和太阳神庙了。

距开罗城南80公里，沿尼罗河岸有80余座金字塔。这些有着伟岸身躯，富于神秘色彩的金字塔，至今仍保守着自己的秘密，对自己的历史和功能缄默不语。它们仿佛是宇宙坠落的巨石散落在尼罗河附近的沙漠中，几千年来，以其庞大的几何形身躯，巍然屹立在一望无垠的大漠之上，无论严寒酷暑，还是沙暴地震，都无奈何它们半分。然而，却从中显示出埃及建筑艺术的悠久历史，突显出古代埃及光辉灿烂的历史文明。

埃及人为什么要建造如此庞大的金字塔呢？这与他们的生死轮回观念有很大关系。当时的埃及人普遍认为人可以长生不死，而法老理所当然灵魂不灭。传说法老去世后将乘坐圣船在太阳的活动周期即日出日落中完成他的旅行，并与天神阿拉相会。随后，法老来到杜瓦特世界，披荆斩棘，历经千辛万苦而获得新生。既然灵魂还会回来，那么他的身体就显得极为重要，于是木乃伊就被谨慎保存，并把石棺深深埋藏在金字塔的最底层。

早期的金字塔并非我们现在看到的那么壮观。埃及人天生是石建筑的能工巧匠，随着石作技术的不断发展与完善，金字塔的造型也由最初的单层发展为多层阶梯形，再由阶梯形发展成光滑的正四棱锥体，最终呈现在我们面前的就是举世闻名的吉萨金字塔群和狮身人面像司芬克斯。

在吉萨高地上耸立的金字塔中，最吸引人的是三座大金字塔，它们像三颗熠熠闪光的明星。第一座是法老胡夫的金字塔；第二座是胡夫的儿子卡夫拉的金字塔；第三座是胡夫的孙子孟卡拉的金字塔。胡夫祖孙三代三座金字塔构成了吉萨金字塔群的核心。

胡夫金字塔建于公元前2570年左右，距今已有4570多年的历史，是埃及现存金字塔中最大的一个。以大金字塔为中心，周围有一系列附属建筑，有规律地占据相应的位置，形成一组结构庞大、规模浩繁的群体建筑。金字塔的群体建筑特色是古王国时期建造金字塔的重要法宝，突出地烘托出金字塔的巍峨挺拔。

胡夫金字塔的外部形象是一个巨型实心锥体。塔的外侧光滑、倾斜，中央塔体为石灰岩。塔身高达146.5米，简直可与现代摩天大楼相媲美，它是在1889年法国建起埃菲尔铁塔之前世界上最高的建筑。尽管几千年的风化剥落了塔顶的锐角，却依然不减其雄伟的气势。塔基的形状是正方形，每边长230.6米；四个光滑的斜面几乎是等边三角形，与地面的夹角均为51°52′；塔体的四面恰好正对指南针的四个方位。其几何图形定位之精确达到令人难以置信的地步。塔体由230万块石头砌筑而成，每块石头平均重达2.5吨，有的竟重达15吨，由10万奴隶和工匠整整干了20年才完成，真是亘古未有的人间奇迹！现代的建筑学家用当代最新式的仪器进行测量后发现，金字塔的东南角仅仅比西北角高1.5厘米。石块之间砌得严丝合缝，在今天仍然连刀片都插不进去。这样巨大的工程，这样高的精密度，就是对现代人来说也不是一件容易做到的事。

卡夫拉金字塔建于公元前2530年左右，高度比胡夫金字塔略低。由于它占据着吉萨金字塔群最中心的位置，保存得相对完整，因此它的建筑形式看起来更加完美，更加壮观。尤其是在其东面，雄踞着一尊巨大的狮身人面像，为卡夫拉金字塔赢得了显赫的声

西方建筑艺术的历史发展

建

筑

5

名。狮身人面像原本是卡夫拉金字塔脚下连绵起伏的整块山石，是天才的艺术家发现并雕琢了它，使它获得了人类的智慧和狮子的勇猛与力量。在空旷的沙漠地带，巨大的狮身人面像与冷漠的金字塔成了鲜明的映照，形成了人们视线的焦点和行动的坐标。它雄健的身姿柔和了卡夫拉金字塔坚硬的轮廓，为金字塔增添了自然的活力和人间的威仪。它永远忠诚地守卫着金字塔，默默无语地观察着人间的沧桑。

埃及金字塔具有鲜明的双重性：上与下的升腾、阳光与阴影的变幻、具象与抽象的汇合、繁杂与简洁的对比等等，它们像两股波涛汹涌的浪潮，迎面滚滚而来，相互碰撞、交织、汇合，构成一曲曲"力"的交响乐章。

随着奴隶制的发展和氏族公社的进一步解体，皇帝制度强化了，而法老（即皇帝）就成了高于一切的太阳神的化身，于是太阳神庙的地位如日中天。它代替陵墓成为皇帝崇拜的纪念性建筑，并占据了最重要的地位，成为宣示法老神秘力量的唯一象征，而昔日显赫的帝王陵则消隐在历史的茫茫雾色之中。在比比皆是的巨大神庙中，规格最大最负盛名的是卡纳克神庙和鲁克索神庙，它们都是供奉主神太阳神阿蒙的神殿，两座神庙始建于公元前1400年，其后经过历代帝王不断改建、增建。令人惊奇的是，尽管卡纳克神庙内的列柱厅是400年后增建的，甚至最后一座塔门居然是1700年后由托勒密王朝修建完成的，然而它始终保持着统一的风格。

卡纳克神庙总长366米，宽110米，前后一共建造了六道大门，而以第一道最为高大，它高43.5米，宽113米。神庙的大殿净宽103米，进深52米，面积达5000多平方米，密排着16列共134根高大的石柱。中央两排12根石柱特别高大，高21米，直径3.57米，上面架设着9.21米长的大石梁，重达65吨。在3000年前，要把65吨重的大石梁架上21米高的柱顶，无论怎样说，也是一项了不起的工程。

卢克索神庙〔图15〕同样规模宏大，宽56米，长262米，被称为"太阳神阿蒙的圣船"。夕阳西下，这艘沉重的"圣船"静静

图15　埃及卢克索神庙

地停靠在尼罗河岸边，满载千年历史的沧桑，只有那高高耸立的方尖碑恰如圣船的桅杆，划破一望无边的天际线。

　　方尖碑是古埃及人创造的另一种几何形状的建筑。令人惊叹和费解的是，古代埃及人在造金字塔时还处于石器时代，连车都没有发明；在建方尖碑的中王国时期，不仅没掌握铁制工具，甚至连青铜工具也很少，却能用整块石材制作了许多几十米高的方尖碑，最高的竟达52米，粗长比例大约1：10。这样巨大的石块的切割、加工、制作、搬运和竖立，在今天看来也绝非易事啊！方尖碑时至今日仍是最完美的纪念碑的建筑形式，它在简单中透着古朴的风韵，具有恒久的艺术魅力。

　　古埃及建筑是人类建筑文明的一缕曙光，古埃及人直面鸿蒙未知的自然状态，在天、地、人的审美观照中，创造了亘古未有的建筑神话。至今，我们仍不得不折服于他们的精神力量和超人的意志，因为是他们在无比恶劣的环境下，用无与伦比的勇气创

造出了史无前例的伟大杰作。

2.古代希腊建筑艺术

古代希腊包括巴尔干半岛南部、爱琴海上诸岛、小亚细亚西海岸以及东至黑海、西至西西里的广大地区。其中有上千个大大小小的岛屿，像散落在爱琴海里的珍珠，静静地漂浮在蔚蓝色的海面上。公元前2000年左右至公元前30年，在这一地区出现了众多以城市为中心的各自独立的城邦制国家。公元前5世纪，希腊文化的发展达到鼎盛时期，创造了灿烂的希腊文明。希腊的建筑也取得惊人成就，正如恩格斯所说："希腊建筑表现了明朗和愉快的情绪……希腊的建筑如灿烂的阳光照耀的白昼。"[1]

大约在公元前2000年，作为爱琴海文明代表的克里特岛就开始修建宫殿，其中包括历时数百年才完成的克诺索斯宫这一庞大建筑群。占据宫殿中心地位的是约60米长29米宽的长方形庭院，四周是不同坡度的宫室，包括国王宫室和王后起居室。在国王宫室和中央庭院间，有祭神建筑的神庙宝库，还有水池和露天剧场。

大约公元前15世纪，克里特文化衰落，而迈锡尼文化逐步走向繁荣。与克里特宫殿建筑相比，迈锡尼宫殿有坚固的防御工事，有巨大的石块筑成的几米厚的宫殿城墙。它坐落在高于地面40～50米的小山丘上。著名的迈锡尼狮子门有3.5米宽，门上的过梁宽大厚重，中间厚两头薄，上面有一个三角形的叠涩券，使过梁不必承重，券里填一块石板，一对相拥而立的狮子，保护着一棵象征宫殿的柱子，极为雄奇。迈锡尼建筑粗犷雄伟，像坚固的城堡，具有极强的防御性。〔图16〕

经过公元前11世纪 — 公元前8世纪的荷马文化时期、公元8世纪—公元前5世纪的古风文化时期，至公元前5世纪中叶进入古代希腊建筑巅峰的古典文化时期。古代希腊建筑忠实记录下了那个时代的荣耀，在自由、民主、共和的召唤下，希腊人的智慧创造了时代的辉煌，希腊人的思想造就了时代的灵魂。

---

① 转引自章迎尔等：《西方古典建筑与近现代建筑》，天津大学出版社2000年版，第3页。

图 16　迈锡尼城狮子门

　　然而，当时的希腊人却宁愿相信神才是万能的。在这个泛神论的国家中，不同的守护神崇拜逐渐代替了氏族社会的祖先崇拜，卫城转变成守护神的圣地。人们从各个城邦汇集到圣地，举行体育、戏剧、诗歌、演说等比赛，圣地周围建造起竞技场、会堂、敞廊等公共建筑。在圣地最显著的地方，建造起了建筑群的中心、希腊建筑的骄傲——神庙。

　　希腊人无论对于神庙或是自己居住的地方，皆称为"大房子"，没有很大差别。随着神的日益高贵，对神像的不断美化，祭

祀仪式越来越盛大，神庙的规模开始壮大，并开始呈现它的纪念意义。公元前7世纪前半叶，已出现了大型神庙。随着神庙的砖木结构向石砌结构转变，到公元前6世纪，围廊的形式被固定下来，成为希腊神庙的符号性语言。它使得神庙的四个立面连续而统一，它带来的虚透空间消除了封闭墙面的沉闷之感，神庙与自然的关系更为和谐。

地中海气候高温少雨，木材缺乏而石料丰富。石材最先用于柱子，到公元前7世纪末，在庙宇建筑中，除了屋架之外，几乎已全部用石材了。正是石材的坚固，使它们中的一部分经历了数千年风雨的洗礼被留存下来，使得我们能从这些残垣断壁上去探寻古希腊的辉煌。

在岁月的演变中，希腊神庙完成了它基本形制的定型：长方形的平面沿东西方向而建，围廊围合中间最重要的神室，神室是三面被墙体包围的长方形，神像供奉于内部，仅在东面留出了入口，入口成为室内光线唯一的来源。日出的阳光透过微启的庙门，洒落在神像之上，神秘而肃穆。台基、围柱、额枋以及由双坡屋顶形成的三角形山墙，构成了神庙坚稳的外型，大量的浮雕被用于装饰。强调建筑物的对称轴线，造成外部的匀称关系和庄严恢弘的气势。

最典型最著名的神庙建筑当属帕提侬神庙〔图17〕。帕提侬神庙坐落在雅典山城之巅，建于公元前448—公元前432年，在大雕刻家菲狄亚斯的指导下，由伊克雷诺斯和卡里克拉特设计。神庙采用列柱回廊式形制，平面呈长方形，长70米，宽31米，东西两面各为8根列柱，南北两侧各为17根列柱。每根柱高10.5米，底径1.9米，由11块鼓形大理石垒成。总共46根刚劲挺拔的多立克式石柱构成四边连续的列柱回廊。三角形山墙上鲜艳明快的浮雕因背景的彩色衬托显得十分突出，是千古流传的造型艺术的经典。正殿上竖立着菲狄亚斯的雕刻杰作——高达12米的雅典娜塑像。雅典娜面容沉着庄严，头戴钢盔，伸出去的右手上有胜利女神，圆形的盾牌紧贴身体。雕像的头发与服装贴着薄薄的金叶，使整个雕像金光闪亮，与殿内的金色、红色与蓝色装饰，相互衬

图17 希腊雅典帕提侬神殿

托,十分和谐。

　　帕提侬神庙尺度合宜,饱满挺拔,风格开朗,各部分比例匀称,雕刻装饰精致;一根根粗壮的巨大石柱轮廓清晰,棱角分明,仿佛能够触摸到凝重的白色大理石肌理;廊柱构成生命的节奏,在山城上空奏响激越的旋律。帕提侬神庙是一幅壮美的图画,它是古希腊艺术的登峰造极之作,是"希腊国宝"、"雅典王冠",是希腊建筑艺术的冠冕和世界艺术史上最伟大的成就之一。

　　马其顿王国的入侵使历史进入希腊化时期。这一时期,随着城邦的瓦解,市场代替了神庙成了城市的中心,人们把更多的注意力转向公共建筑和纪念性建筑。因而除了神庙以外,亦造了大量的广场、会堂、露天剧场、竞技场等公共建筑。

　　希腊很早就有了戏剧表演。古希腊人习惯于物色一块可以因地制宜地改造成剧场的自然坡地,依山坡建起有着半圆形观众席的露天剧场。古典时期最著名的埃比道拉斯剧场被认为是当时最美、保存最好的一个。该剧场建于公元前350年,它不仅是娱乐场所,而且也是自由民集会的地方,因此规模巨大。它的平面呈半圆形,直径约为113米,有52排座位,可容纳13000人。其

中心是圆形表演区，直径约20米。剧场建在环形山坡之间，舞台在中间的底部，半圆形散开的池座顺着山坡逐排升高，并有放射形通道。剧场与大地紧密结合，隐于山冈斜坡的轮廓之中，体现了建筑与自然浑然一体的共生意识。每四年一次在奥林匹亚举行的体育比赛大会最好地体现了古希腊对健美体魄的崇尚，奥林匹亚原是祭祀宙斯的神庙，也是古代竞技体育的发源地。早在公元前8世纪在这里就建有可容纳4万观众的体育场。公元前331年修建的雅典体育场则已拥有了6万个观众席。

当时，广场成为了公共活动的中心。这里既是政府议事机构所在地，又是自由贸易市场，也是思想文化交流的聚集点，社会生活在此层层展开。作为建筑艺术，不能不提到广场上的那些敞廊，那些看似简单的梁与柱连接的柱廊，却是希腊人一项具有巨大影响的创造。敞廊将各个建筑联系起来，赋予建筑物以秩序，同时也为经贸活动、政治活动、思想文化活动提供了空间。据说苏格拉底、柏拉图、亚里士多德等诸多思想家常常在敞廊下散步、授徒，西方哲学思想在此诞生。敞廊犹如一条线索将整个城市的一切串联起来，它的协调作用变得不可或缺，整体的统一在此得到实现。

古希腊三种经典的柱式折射出古希腊人独特的审美意识。三种柱式分别是多立克柱式、爱奥尼柱式和科林斯柱式。其中尤以多立克柱式和爱奥尼柱式最具典型意义，它们分别体现出雄健和柔美两种不同的艺术风格，堪称雕塑艺术中的双璧。

多立克柱式〔图18〕艺术形象古朴、庄严、雄浑，隐喻着男性躯体的比例、强度与美。柱身

图18　希腊多立克柱式

较为粗短，高度为底部直径的4.5—6倍，运用"卷杀"的艺术处理手法，造成生命肌体似的饱满和劲健。柱端顶着一块薄薄的扁圆形垫石，柱颈以卷叶饰镶边；柱子的底端没有基座，直接置于地面的台基。包括赫赫有名的帕提侬神庙在内的古希腊大多数神庙都采用这个柱式体系。

爱奥尼柱式〔图19〕的艺术魅力在于它的优美、轻盈、典雅，强调线条感和柔美。柱身较为修长，高度为底部直径的8—10倍。浅浅凹刻的垂直棱线仿佛增添了成倍的数量，细密、精致，光影变幻丰富。最显著的特征是柱头两端轻轻卷起的涡旋雕饰，像是某种植物卷叶的抽象变形，两个涡旋雕饰之间的柱端还刻有精细的箭镞形草叶和贝形装饰图案。柱子的底端落在圆石的基座上，精雕细刻的层层装饰加强了向上的动势。爱奥尼柱式盛行于公元前5世纪至公元前4世纪的希腊古典时期，供奉朱诺、狄安娜女神的神庙，特别是纤细雅致的维纳斯女神庙，常常通过象征女性般完美的爱奥尼柱式来表达。

图19　希腊爱奥尼柱式

科林斯柱式〔图20〕是从爱奥尼柱式变化而成的，流行于希腊化时期。其艺术风格是纤细、匀称、秀丽。柱身、基座与爱奥尼柱式大致相仿，所不同的是柱头没有卷曲的涡旋雕饰，代之以植物的卷叶形雕饰，仿佛飘散着野性的气息。柱头呈倒钟形，宛

西方建筑艺术的历史发展

建

筑

5

98

图 20　希腊科林斯柱式

如一个花篮，层层发生的茛苕叶片从四周伸向顶端，托起上面的圆盘。

总之，古希腊的建筑艺术充满了对于美的追求，绝妙地将人、自然与神结合成一个整体，以深刻的自然观、和谐的完整性和炽热的思想情感以及对人的尊重与完美表现而震惊了后世。

3.古代罗马建筑艺术

"战无不胜的罗马人创造了世界的永恒之城——罗马。罗马的建筑永远透着一股不可一世的特质。"①古罗马建筑史大致分为三个时期：伊特鲁里亚时期、罗马共和国时期、罗马帝国时期。从伊特鲁里亚时期（公元前 8 世纪 — 公元前 2 世纪）到罗马共和国盛期（公元前 2 世纪 — 公元前 30 年），是一个不断积累、不断尝试的过程，公共建筑与城市建设已相当活跃。而到了帝国盛期（公元前 30 年—公元 476 年），随着用血与火建立起来的横跨欧、亚、非的帝国霸权的确立，罗马的建筑艺术也进入了它的辉煌时期。

---

① 转引自章迎尔等：《西方古典建筑与近现代建筑》，天津大学出版社 2000 年版，第 7 页。

上苍似乎特别垂青这个勇于实践的民族，赋予了这块土地天然的混凝土。这种混凝土是一种火山灰，加上石灰和碎石之后，具有很强的凝结力，坚固而不渗水。到公元1世纪中叶，天然混凝土在拱券结构中几乎完全代替了石块，从墙脚到拱顶全用混凝土。这在建筑史上具有划时代的意义，它的巨大影响是无法估量的。混凝土带来的影响之一就是它大大促进了拱券结构的发展。拱券结构是罗马人的伟大创举，它完全改变了以往的建筑形式。混凝土的出现使得整个拱券结构变得更为稳固、轻巧，更易于施工。混凝土的另一影响是大大提高了拱顶的跨度。拱顶打破了古希腊梁柱形式的平面体系，无论是在体量上或是形象上都创造了梁柱形式无法比拟的空间。

　　公元69年至82年建成的科洛西姆斗兽场，也称大角斗场或大斗兽场〔图21〕是罗马建筑的杰作。这座巨大的古代竞技场可容纳82000名观众，充分体现了罗马帝国的恢弘气象。大斗兽场为椭圆形，长径189米，短径156.4米，高57米，占地2万平

图21　罗马斗兽场俯瞰

方米。中央为一个长径87.47米、短径为54.86米的椭圆形表演区，共有60排座位，分五个观众区，设有80个出入口。大角斗场的外部墙垣壮美而华丽，极富造型表现力。墙面分为四层，下面三层是透空的拱券，外墙面上镶贴各种各样的罗马古典柱式。第一层是粗壮有力的塔司干柱式，第二层是刚劲挺拔的爱奥尼柱式，第三层是纤巧华贵的科林斯柱式，第四层几乎全部是大理石

西方建筑艺术的历史发展

建

筑

5

的实墙面，贴着一根根纤细的壁柱。大斗兽场的建筑格局被后人视为经典，一直到现在都堪称体育建筑的代表性形制，这不能不说是一个奇迹。

在罗马时代的诸多建筑中，凯旋门给人的印象是最为持久的，因而当之无愧地被列为罗马帝国时代古典建筑的卓越典范。公元81年兴建的提图斯凯旋门就是一件建筑杰作。造型宏伟的这座凯旋门，跨度为5.33米，它首次采用了混合式柱头，每边4根柱子作为装饰，柱头上形成凸出的檐部，檐部上高耸着题有献辞的檐上壁。凯旋门高15.4米，它作为底座安放驾着三轮马车的元首提图斯的雕像。凯旋门内拱顶用花瓣形纹样作为藻井图案来装饰。门内墙垣装饰着浮雕，浮雕刻画了提图斯及其军队获胜后回罗马的情景。光从侧面照射，使场面十分热烈，浮雕似乎打破了墙垣的平面，产生了立体感。这样，静的建筑与动的浮雕结合成形象生动的整体。

图22　罗马图拉真纪功柱

图拉真广场落成于公元１１３年，是罗马广场建筑最后的典范之作。也是罗马帝国的伟大象征。广场正门是三跨的凯旋门，进门便是长１２０米、宽９０米的广场，两侧敞廊在中央各有一个直径４５米的半圆厅，形成广场的横轴线，它使广场免除了单调之感。在纵横轴线的交点上，立有图拉真的镀金骑马青铜像。广场的底部排列着图拉真家族的乌尔比亚围廊，这是古罗马最大的围廊。这之后是一个长方形小院，中央立着一个高达３５.２７米的图拉真纪功柱〔图２２〕。柱子是罗马多立克式的，底径３.７０米，柱身全由白色大理石砌成，分为１８段，中空，循１８５级石阶盘旋而上可达柱头之上。柱身上有全长２００多米的浮雕带，绕柱２３匝，刻着两次远征达奇亚的史迹。柱头上立着图拉真的全身塑像。广场的建筑和雕塑显示出不朽的艺术价值。

由哈德良皇帝于公元１２０年—公元１２４年重建的万神庙，是唯一完整保存至今的罗马建筑古迹，是罗马时代的杰出建筑，是可与古希腊帕提侬神庙相比肩的令人仰止的艺术高峰。万神庙〔图２３〕是千万个神祇的庙宇，它以庞大、单一的体量再现了众神的威仪。神庙由一个圆形神殿和一个门廊组成，前面是宽阔的广场。神殿是一座以大穹顶

图２３　罗马万神庙

西方建筑艺术的历史发展

建

筑

5

结顶的宏大圆形建筑物。它周围大部分是没有门窗的墙垣，入口处是庞大的柱廊。进入神庙后能看到穹顶下的广阔空间，神庙高42.7米，穹顶内径43.5米，显得异常宏伟壮丽。大穹顶体现了神傲视一切，君临万物之上的构思。穹顶中央有一直径9米的圆窟窿，人们可以通过它看到蔚蓝的天空，光线从窟窿外照到神庙中来，人的渺小与神的伟大形成鲜明的对比。庙内面积庞大的圆形空间与半球形屋顶相结合，显得非常统一、和谐与完美。穹顶的高度与建筑的内径大体相等，合度的比例、合理的结构、华贵的建筑材料和绚丽的装饰，使整个内部产生一种辉煌而崇高的美感。神庙的巨大内部空间与穹窿结顶的完美设计，具有深远的历史意义和重要的艺术价值，体现了古代建筑艺术的高超水平和辉煌成就。

　　古罗马建筑艺术无论在实践上，还是在理论上都做出了历史性的巨大贡献。混凝土技术和拱券结构技术是罗马建筑的伟大创造和最重大成就。古罗马著名建筑理论家维特鲁威正是此时撰写了古代建筑名著《建筑十论》，此书成为古代建筑的百科全书，是古希腊、古罗马建筑的理论总结。

二、西方中世纪建筑艺术的发展

　　从公元395年罗马帝国分裂为东西两部分到14世纪至15世纪资本主义萌芽之前，欧洲的这一段时期被统称为"中世纪"。在这一时期里，欧洲四分五裂，原被罗马帝国征讨迫害的基督教却在欧洲封建统治中占据了主导地位。教会为巩固封建制度，蒙蔽人民听天由命，竭力压制科学的理性思维。教会仇视希腊和罗马的古典文化，有意识地销毁古代著作和艺术品。恩格斯说："中世纪是从粗野的原始状态发展而来的。它把古代文明、古代哲学、政治和法律一扫而光，以便一切从头做起。"①所以，整个中世纪被笼罩在一片混沌的黑暗之中。1453年拜占庭帝国被土耳其人灭

① 转引自章迎尔等：《西方古典建筑与近现代建筑》，天津大学出版社2000年版，第19页。

亡，漫长的中世纪才宣告结束。由于封建分裂状态和教会的统治，宗教建筑成了中世纪唯一的纪念性建筑，也是这一时期建筑成就的最高代表。

1.拜占庭建筑艺术

西罗马帝国于公元476年灭亡，而建都在君士坦丁堡的东罗马帝国从公元5世纪开始，其社会经济文化要比西罗马帝国发达得多。此后的东罗马帝国也称为拜占庭帝国。在西欧形成封建制度的漫长过程中，以东罗马帝国即拜占庭为中心的地区，在建筑上，无论是宗教建筑、公共建筑还是城市建设，都有巨大成就。这一时期的建筑称为拜占庭建筑。

拜占庭原为古希腊和古罗马的殖民地城市，所以东罗马帝国又名之为拜占庭帝国。在封建前期，皇权强大，拜占庭文化世俗性很强，当时有大量古希腊和古罗马文化被保留和继承。由于受地理位置的影响，它也吸取了波斯、两河流域等地的文化成就。其建筑艺术，在古罗马遗产和东方丰厚文化基础上形成了独特的拜占庭体系。

公元4世纪至6世纪是拜占庭建筑的兴盛期，当时罗马皇帝君士坦丁按古罗马城的样子，动用了全国的力量大力兴建君士坦丁堡。在这一时期，还培养了多批建筑师；建筑的形式和种类丰富多彩，有城墙、道路、宫殿、广场等。公元313年，君士坦丁皇帝尊崇基督教为国教，此后，欧洲大陆的各个角落都统治在十字架下，宗教建筑成为中世纪建筑成就的最高代表。教堂的规模越建越大，越建越华丽，规模宏大的圣索非亚大教堂就是拜占庭帝国极盛时代的纪念碑，也是拜占庭建筑最辉煌的代表。大教堂是上帝的神灵和智慧的结晶，它映射出一个时代的辉煌。（参见第八章图47。）

圣索非亚大教堂建于公元532—537年，平面近似正方形的长方形，东西长77米，南北宽72米，教堂正中是一个直径32.6米、高15米的穹顶，穹顶离地54.8米。与万神庙穹顶建在圆形围墙上不同，圣索非亚大教堂是在方形底座上加圆顶。建筑师把圆拱与户间壁巧妙地结合起来，四个户间壁支撑着四个圆拱，在

圆拱之上，则是圆顶，内部空间丰富多变。穹窿之下、券柱之间、大小空间、前后上下、相互渗透。它在穹窿底部密排着一圈40个采光窗，光线由这40个窗洞进入教堂内部，使大穹窿显得轻巧凌空。穹窿由一个中心大穹顶、二个"半穹顶"和六个附属穹顶复合构成，给人的印象极深，是大教堂的创世杰作。整个穹顶的结构逻辑清晰，层次分明，显示了拜占庭设计师们卓越的分析综合能力。

圣索非亚大教堂的设计者为小亚细亚的安提莫斯和伊索多拉斯。15世纪后，土耳其人将此改为清真寺，并在其四角修建了四个呼报塔，1935年改为博物馆。圣索非亚大教堂是中世纪最伟大的建筑，也是建筑史上的奇迹。

拜占庭建筑艺术风格也强烈影响着东欧和俄罗斯。中世纪的俄罗斯建筑自始至终回响着拜占庭建筑艺术的旋律。俄罗斯建筑艺术的主要载体是具有民族特色的教堂建筑。建于16世纪的圣瓦西里教堂是俄罗斯建筑艺术的杰出代表。该教堂位于莫斯科克里姆林宫外红场南端，用红砖砌成，基调凝重深沉，白石构件点缀其间，节奏轻盈明快。主塔高47米，周围由八个略小穹窿拱卫。大小穹窿形似"洋葱头"高低错落，色彩鲜艳；镀金穹顶，闪烁着灿烂的光芒。

拜占庭建筑艺术风格在"十字军"东征的同时也传播到了西方世界，以上帝的名义掠夺的圣物从拜占庭帝国迁移到威尼斯。建于11世纪的威尼斯圣马可教堂，完全仿照圣索非亚大教堂的十字形教堂修造，它是威尼斯人的圣地。圣马可教堂的平面呈典型的十字形式，中央隆起一个巨大的穹窿，四翼拱卫着四个略小的穹窿，像五朵含苞待放的花蕾，成为圣马可广场一道亮丽的风景。它正面是三层半圆形形状，底层有五个华丽的门道，深嵌于许多小柱形成的两层排柱之间，第二层五个半圆形山墙支撑着半圆形壁窗，窗楣上都有神奇的"S"形，屋顶有如洋葱头似的圆顶，教堂内全部铺以一层铸造的金底马赛克。穹窿和拱顶内部绘有金底彩色的镶嵌画，内墙贴有彩色大理石，其装修经过历年的增加而日益华丽。

拜占庭建筑最大的特点就是穹窿顶的大量应用，所以几乎所有的公共建筑，尤其是教堂都用穹窿顶。建筑又具有集中性，都是以一个大空间为中心，周围围绕许多小空间，而这个高大的圆穹顶就成了整个建筑的构图中心。拜占庭后期的建筑，由于外敌入侵，国土缩小，规模大不如前，形式向小而高的方向发展，典型的拜占庭式中央大穹窿也没有了。拜占庭建筑继承了古希腊和古罗马的遗产，又吸取了东方一些国家和民族的建筑经验，在相当短的时间内创造了卓越的建筑艺术体系，为后世留下了宝贵的财富。

2.罗马风建筑艺术

罗马风建筑是欧洲9世纪至12世纪达到顶峰的一种建筑艺术风格。公元9世纪左右，一度统一的西欧又分裂为法兰西、德意志、意大利和英格兰等十几个民族国家，并正式进入封建社会。由于当时社会制度比较稳定，所以具有各民族特色的文化在各国发展起来。这时的建筑除教堂外，还有封建城堡和修道院等。人们为了寻找罗马文化的渊源并感受罗马的文化和艺术，当时许多西欧建筑尤其是教堂都仿效了古罗马的形式，比如运用了圆形的拱顶和带有柱式的长廊，但建筑的规模远不及古罗马建筑，设计和施工也较粗糙，许多建筑材料直接来自古罗马的废墟。由于其建筑结构基础源于古罗马建筑构造方法，故这个时期的建筑称为"罗马风"建筑。

罗马风建筑的不同凡响与威严，缘于它既是世俗建筑，又是宗教建筑。世俗性与宗教性看似水火不相容，然而在它身上却恰到好处地融为一体。如果说教堂、修道院是基督教宗教的表现，那么城堡则是封建制世俗的体现。

罗马风教堂的重要特点是它的半圆形，它表现在圆顶及扩展部分，从古罗马人那里继承了筒形拱顶。筒形成为重要结构形式，不仅体现在平面、三维结构及装饰上，也体现在圆柱断面、小礼堂的内室和半圆锥形的顶盖上。由拉丁十字架发展成的罗马风教堂成为10世纪到12世纪基督教教堂的典型式样，其中最著名的当推意大利比萨大教堂。

西方建筑艺术的历史发展

建

筑

比萨大教堂建于1063—1278年，包括教堂及洗礼堂、钟塔和公墓四个部分。教堂为拉丁十字形，全长95米，有四排柱子，中厅用木桁架，侧廊用十字拱，正立面高32米，有四层空券廊做装饰。洗礼堂位于教堂前面，1513年开始兴建，与教堂在同一轴线上，正门与教堂正门相对，平面呈圆形，直径35.4米，总高54米，立面分为三层，上两层为连列券柱廊。圆顶上矗立着3.3米高的施洗者约翰的铜像。

图24　意大利比萨大教堂和比萨斜塔

由于1586年伽利略在钟塔上作自由落体实验，而使比萨大教堂特别是斜塔（钟塔）举世闻名〔图24〕。比萨斜塔的圆拱柱廊的形式就属于典型的"罗马风"艺术风格。比萨斜塔真所谓"歪打正着"，正是由于它不断倾斜，才引来全世界的注意：不知有多少建筑师为它的倾斜操心费力，也不知采取过多少种矫正倾斜的措施，但到现在也没有完全解决问题，现在钟塔已向南倾斜了5.3米，斜度为5°至6°。说来也怪，只要塔不倒，斜塔倒成了意大利的一大名胜。

其他罗马风建筑的主要代表还有德国的圣米伽修道院、沃尔姆斯大教堂，法国的勃艮第大教堂、普瓦捷圣母大教堂、沃顿大教堂、诺曼底商堡城堡等。

3. 哥特式建筑艺术

罗马风建筑的进一步发展就是西欧封建社会盛期以法国为中心的哥特式建筑。"哥特"原是参加覆灭罗马奴隶制的北方"蛮族"之一；哥特式建筑，是意大利人送给他们认为的野蛮人——住在阿尔卑斯山后的高卢人建筑的贬称。后来就变成了这个历史时期的建筑艺术的通用名称了。当时的欧洲封建城市经济占主导地位。这个时期的建筑仍以教堂为主，也有不少城市广场、市政厅等公共建筑，住宅建筑也有很大发展。哥特式建筑的最大特点就是"高"和"直"，被称做高直式建筑。有人说，罗马式建筑是平行排列的，哥特式建筑是垂直向上的，拜占庭建筑是圆形拱顶的。这样说虽然有些绝对和简单化，但绝非没有道理。

在哥特人看来，那些高高的尖塔与上帝更为接近。哥特式建筑与"尖拱技术"同步发展，使用两圆心的尖券和尖拱，推力比较小，有利于减轻结构体自重和增加跨度。尖拱和尖券也大大加高了中厅内部的高度。哥特式教堂内部，可以看到的是从柱墩上散射出来的一根根骨架券，它交合于高高的拱券尖顶，人们的心随着这一层层一排排拱券尖顶也向上升腾。马克思在谈到教堂时说："巨大的形象震撼着人心，使人吃惊……这些庞然大物宛若天然生成的体重，物质地影响着人的精神，精神在物质的重量下感到压抑，而压抑之感正是崇拜的起点。"[1]

束柱是哥特式建筑的又一重要特点。束柱像一束紧紧捆绑在一起的棍棒，高高耸立，又如一股股喷泉，高高喷起，一直喷到屋顶的穹窿，仍无意停顿。束柱之所以要向上"喷射"，完全体现了神学家托马斯·阿奎那的要求，即一切都得朝向上帝。于是，束柱首先把人的目光引向教堂祭坛上的圣父，然后把人的目光最终引向天国中的上帝。教堂高耸的塔尖向上直刺天空，其目的与束

西方建筑艺术的历史发展

建筑5

---

① 转引自钱正坤：《世界建筑史话》，国际文化出版公司2000年版，第48页。

柱一样，只不过塔尖把人的目光直接引向天国中的上帝而已。

法国著名的巴黎圣母院〔图25〕、亚眠主教堂，德国科隆主教堂和意大利米兰大教堂等，都是哥特式教堂的典型范例。哥特式教堂需要高超技术才能建造起来。它的形象很美，空灵而轻巧，符合建筑美学法则。这种不见实体的墙，垂直向上伸展的形式，表现出超凡脱俗的神秘性。

图25　巴黎圣母院正面

人置身于教堂之中，会情不禁地产生仿佛要向天国乐土升腾的感觉。

巴黎圣母院是早期哥特式建筑，也是最著名的哥特式建筑。建筑规模浩大，建于1163～1250年，历经近百年才建成。它是"上帝的荣耀"，也是巴黎的骄傲。圣母院的平面布局简单而明晰，复现着"十字架"形永恒主题，沿东西方向蔓延扩展，纵深125米，交叉成十字形的两个大殿，主殿由柱廊与两侧散步场所相通。这种平面布局蕴涵着奇突的空间推移和跌宕变换。圣母院的肋拱和支架系统是一种富于想象力的技术创新。肋拱、半壁柱、尖券、扶壁等划分精确，显示了一个中世纪的奇迹，一个展示高超建造技术与娴熟的手工技能的奇迹。

哥特式教堂遍及法兰西王国，就像雨后春笋般地耸立起140余座哥特式大教堂。亚眠大教堂以巨大的尺度营造了超常的内部空间，壁面上细细的骨架一直升至42米之高，薄薄的拱顶宛如浮在高高的教堂上空，陡峭的空间和威压之势彻底征服了人们的心灵。从屋面上拔起的束柱不断向上"喷射"，将塔尖推到令人目眩的地步，虚幻缥缈的气氛使人感到神秘莫测。

英国哥特式教堂大胆创造了逻辑清晰、体态空灵的拱形结构，它们使人想起了"伞"和"棕榈树"。在瘦骨嶙峋的"伞骨"上，缀满了英国人喜爱的各种装饰语汇，繁复的束柱、尖券和装饰图案等等。另外一些欧洲国家却十分强调哥特式建筑的竖向效果，如德国的教堂似乎特别倾心于塔，科隆大教堂高耸的塔尖无疑是哥特式式建筑的"顶尖"之作。

　　威尼斯总督府〔图26〕是最先使市民引为骄傲的哥特式世俗

图26　意大利威尼斯总督府

建筑。该市政建筑始于公元9世纪，至16世纪才最后建成。下面两层为白云石尖券敞廊，顶层用白色与玫瑰色云石砌成。平面布局为四合院式，显得简洁明快。最富艺术魅力的是南、西两立面的构图，层叠的券廊、跳动的节奏、华丽的装饰，给整体立面带来一种清新的诗意。建筑史家说："这立面在世界建筑史中几乎没有可类比的例子，它们好像是盛装浓饰，却又天真淳朴，好像是端庄凝重，却又轻俏快活。"①此外，哥特式住宅也颇具特色，如威尼斯商人的别墅，全用白色大理石建成，舒适、漂亮、华丽、典

西方建筑艺术的历史发展

建筑

────────────────

①　转引自钱正坤：《世界建筑史话》，国际文化出版社2000年版，第55页。

雅。

到 15 世纪以后，法、英等国的王权已经统一全国。哥特式建筑在大量接受了宫廷文化的影响之后便归于终结。但毫无疑问，哥特式建筑时期是人类建筑史上极富创造性和取得光辉成就的时期。

在基督教文化严密统治下的中世纪，包括绘画、雕塑、文学在内的几乎所有艺术，均受到了无情的压抑，唯有建筑一枝独秀，是个例外。人们的创造才能在建筑中得到了充分发挥。无论是拜占庭式建筑，还是哥特式建筑，劳动人民在为基督修筑圣堂中树起了显现自己的创造才能的纪念碑。那高耸入云的尖塔，那色彩缤纷的彩色玻璃镶嵌画，那玲珑矫健的飞券，无不是他们伟大创造力的体现。

三、文艺复兴时期的建筑艺术

文艺复兴、巴洛克和古典主义是 15 世纪至 19 世纪先后流行于欧洲各国的建筑艺术风格。其中文艺复兴和巴洛克源于意大利，古典主义源于法国，后人广义地将三者并称为文艺复兴时期的建筑艺术。在文艺复兴时期，古典式柱式重新成为建筑造型的重要语汇。17 世纪上半叶，意大利建筑仿佛走向一个幻想的时代，建筑趋于追求新奇的、变幻的、动态的造型，逐渐形成了巴洛克风格。17 世纪，法国的君权如日中天，崇尚庄严的古典风格渐成风气，在宫廷建筑中形成古典主义思潮。18 世纪 20 年代，法国的室内装修沉醉于细腻、柔软，流于烦琐、华丽，产生了洛可可风格，再一次改写了欧洲建筑艺术的历史。

1.文艺复兴建筑艺术

文艺复兴时期是一个充满激情的变革时代，天才辈出，群星璀璨。这是一个需要巨人，而且亦产生了巨人的伟大时代。达·芬奇、米开朗基罗、拉菲尔以及更早的乔托、但丁……这些伟大的名字，与这个伟大的时代同在。中世纪黑暗、愚昧的局面首先被意大利诗人但丁的《神曲》所打破，它吹响了文艺复兴运动的第一只号角，迎来了文艺复兴的春风。

文艺复兴的意义绝非是模仿和恢复古希腊罗马的文化和艺术，而是在众多文化艺术领域中都贯穿了"人文主义"的思想。"人"被置于万物的中心，失落的人的尊严被找寻了回来。在建筑艺术领域，建筑师们尝试着新的艺术之路。古罗马建筑巨匠维特鲁威的著述被奉为圭臬，并产生了重大影响。一些人继承了他以人体为"匀称"的完美典范的观念。如达·芬奇从数百个人体的分析中总结出最典型、最美好的比例和几何形状，以此来论证建筑美。著名建筑师阿尔伯蒂所撰《论建筑》成为文艺复兴的名著。他提出了一个重要的建筑美学观点：建筑各部分比例的合理集成，不会因增大或减小而损坏整体的协调；以欧几里德几何学作为运用基本形体的依据，运用这些形体，以倍数或等分的方式找出理想的比例。建筑大师和艺术家们借助于古典风格的复兴，使建筑成为一门艺术。建筑师不再是石匠师傅，而成为学者和艺术家。

　　这一时期，古典柱式再次成为建筑造型的构图主题。建筑为了追求稳定感，圆形的穹窿顶与旋廊取代了哥特式建筑垂直向上的束柱、小尖塔等又尖又高的形式。在建筑轮廓上，文艺复兴建筑讲究整齐、统一和条理性。

　　意大利佛罗伦萨是文艺复兴风格的摇篮，佛罗伦萨主教堂是文艺复兴建筑的纪念碑。天才的伯鲁涅列斯基设计的八角形大穹窿，在没有任何支撑架的帮助下完成了施工，解决了中世纪遗留下来的一个难题，成为前无古人的创举。穹顶的结构技术空前复杂，形式壮丽典雅。在穹窿的下面加了一个 12 米高的八角形鼓座，穹窿内径 42.5 米，高 30 多米，教堂总高 107 米。它的精美远远超越了前人——无论是古罗马的、拜占庭的，还是哥特式的。教堂穹顶被誉为新时期的第一朵报春花，是文艺复兴时期独创精神的象征。教堂在平缓的城市轮廓中卓然而立，人们称它是"人类技艺所能想象的最宏伟、壮丽在大厦"，成为佛罗伦萨城的醒目标志。

　　而最能代表文艺复兴精神及其世俗力量的建筑，当属罗马教廷的圣彼得大教堂。圣彼得大教堂是世界上最大的天主教堂，集中了 16 世纪意大利建筑结构和施工的最高成就。教堂于公元 1506

西方建筑艺术的历史发展

建

筑

5

图27 罗马圣彼得大教堂

年奠基，直至公元1626年才建成。一百多年间，罗马最优秀的建筑师都曾主持过圣彼得大教堂的设计和施工，集中了这个时期许多著名建筑师的智慧，成为垂范千古的建筑里程碑。

圣彼得大教堂〔图27〕是一座恢弘、壮美的宗教建筑群体，加上它前面如双臂环抱的巨大广场，简直就是一座城中之城。教堂平面为拉丁"十字形"，东西纵长212米，翼部两端长137米，中央大穹窿直径为42米。教堂极其宏大壮丽，比例和谐完美，从局部到整体，从每个线角分割到体块的凹凸变化，似乎都符合某种"数"的秩序。建筑体量搭配得当，线条疏密相宜，色彩恬淡静谧，穹顶呈现出完美的球面形状，显示出饱满、强健的整体美感和永恒的形式秩序。

由于资本主义萌芽使城市建筑随城市生活的变化而发生了巨大的变化，文艺复兴的建筑风格除了表现在宗教建筑上，还体现在大量的世俗建筑中。这个时期的世俗建筑物也逐渐摆脱了孤立的单个设计和相互间的偶然凑合，逐渐注意到了建筑群的完整性，克服了中世纪的狭隘性，恢复了古典的传统。这种观念首先表现在广场建筑群的规划和设计中，最著名的便是威尼斯的圣马可广场。几百年来，圣马可广场吸引了无数的文人墨客和普通游人，赢得了无穷无尽的赞许和颂扬，人们称它为"欧洲最漂亮的客厅"。

佛罗伦萨、罗马、威尼斯是文艺复兴建筑艺术的三个中心，而后波及到其他地区。除意大利外，文艺复兴运动相继在欧洲其他国家兴起，如英国、法国和德国等，但它们都较晚，大多从16世纪开始。此后，又诞生了作为文艺复兴的支流和变形的"巴洛克"建筑艺术风格。

2.巴洛克建筑艺术

"巴洛克"这个词的原意是"畸形的珍珠"，本为贬义词，后来成为这个时期艺术风格的名称。巴洛克源于17世纪的意大利，后来在音乐、绘画、建筑、雕塑及文学上影响到整个西方。

巴洛克建筑抛弃了对称与平衡，转向富有生命体验的表达方式，寻求自由的、流畅的、具有动势的艺术构图。其实，巴洛克并非完全否定文艺复兴风格，它追求的是以情动人，重视富有生命活力的体块，恰好正是文艺复兴建筑的一种发展形式。它以动态取代静态，抛弃了古典常用的方形和圆形，代之以旋涡形、S形、曲线形、波浪形，以运动、变化的形体寓意着情感的动荡，体现出生命活力的迸发。

巴洛克建筑讲求视觉效果，为建筑设计手法的丰富多彩开辟了新的领域。巴洛克建筑风格主张新奇，追求未曾有过的形式，善用矫揉造作的造型产生特殊的效果；还善用光影变化、形体的不稳定产生虚幻和动荡的气氛。巴洛克建筑总是显得富丽堂皇、珠光宝气，装饰琳琅满目，色彩鲜艳夺目，形式标新立异。

罗马作为巴洛克的发源地和欧洲最主要的巴洛克城市，产生了许多巴洛克式的广场、宫殿、教堂、别墅和花园。

罗马的耶稣会教堂被称为第一座巴洛克建筑，它由维尼奥拉与泡达设计，教堂布局为巴西利卡式，但外形有所不同，正面的壁柱成对排列，在中厅外墙与侧廊外墙之间有一对大卷涡。作为

巴洛克教堂，大量使用了壁画和雕刻，并在壁画中运用了透视法来扩大视觉空间。画面色彩鲜艳明亮，动态感强，产生强烈的视觉冲击。壁画、雕刻与建筑相统一，共同构成教堂内难以捉摸的、变幻的空间。

圣彼得大教堂前面的广场是巴洛克式建筑的代表。广场由伯尼尼设计。这个椭圆形广场面积为3.5公顷，以1586年竖立的方尖碑为中心，碑和教堂之间再以一方梯形广场相接。两个广场都用柱廊包围，共有284根石柱，柱间距很小，密密层层，光影变化剧烈。柱高19米，柱廊上耸立着96尊3.2米高的圣徒雕像。伯尼尼形象地说这些柱廊"像欢迎和拥抱朝圣者的双臂"。

波洛米尼设计的圣卡罗教堂建于1638年—1667年，是典型的巴洛克建筑。这座建筑更像一尊精心刻画的雕塑品，在有限的环境空间中如漩涡、似波浪地起伏、跳跃；严整的方形和圆形幻化为S形、曲线形、波浪形，从静态的形体转变为动态的造型；从简洁的图式转化为精美的作品。在教堂内，近乎椭圆形的平面似有伸缩的活力，内壁仿佛被无形引力作用而凹曲，形成波浪形墙面。"畸形的"创作设计，构成幻梦般的景象，营造出令人新奇的审美境界。波洛米尼使巴洛克建筑达到登峰造极的境地。

114

巴洛克建筑具有出奇入幻的想象力和别开生面的创新精神，虽然没有特别大型的建筑传世，但它对西方建筑的影响则是巨大而深远的。它富有生命力的新观念、新手法、新式样被广泛地保留下来；而它非理性的、反常的、形式主义倾向则受到在法国兴起的古典主义的批判和抵制。

3.古典主义建筑艺术

17世纪，随着国力的逐渐强盛，法国成为欧洲最强大的中央集权王国。国王路易十四执政时期，为巩固君主专制，极力鼓吹理性主义，并在宫廷中提倡能象征中央集权的有组织、有秩序的古典主义文化艺术，因此在建筑上就有了推崇富丽华贵的古典主义风格，崇尚古典柱式。它在总体布局、建筑平面与立面中强调轴线对称、主从关系、突出中心和规则的几何形体，提倡富有统一性和稳定感的构图手法。

古典主义建筑主张主次有序，构图简洁，规则明确，轴线清晰，几何性强，柱式的比例与细节精确完美，适合塑造纪念性建筑的壮丽形象。它强调外形的端庄和雄伟。内部装饰豪华奢侈，在空间效果和装饰上有强烈的巴洛克特征。这种风格是继意大利文艺复兴之后欧洲建筑发展的主流，受到欧洲走向君主制的国家的欢迎。这一时期的代表建筑有法国的枫丹白露宫、卢浮宫和凡尔赛宫及恩瓦立德教堂等。

　　卢浮宫〔图28〕是法国历史上最悠久的王宫，它浓缩了法国

图28　法国巴黎卢浮宫

各种建筑风格的历史发展，成为法国数百年建筑历史的见证。西立面始建于1546—1559年，于1624—1654年扩建，为文艺复兴时期的代表作。1667年，勒伏、勒勃亨和克·彼洛设计了古典主义的东立面方案并被采纳，三年后建成。东廊长183米，高28米，采用纵三段与横三段构图法，底层横向，沉重结实，中间层是柱廊，虚实相映，顶部为水平向厚檐，其比例为2∶3∶1。纵向以柱廊为主，中央与两端都采用凯旋门式构图，中央有山花，柱廊

西方建筑艺术的历史发展　建筑

5

用双柱，轮廓整齐，庄严雄伟，成为欧洲宫殿的典型建筑。它的外部空间讲究统一与秩序，显示出一种严肃与威严，而其内部空间是巴洛克为主调，欢乐而放纵。

凡尔赛宫是法国王权最重要的纪念碑，是古典主义建筑的杰出典范。（参见第八章图51）它始建于公元1661年的路易十四时期，最后完成于公元1756年的路易十五时期。凡尔赛宫扼守在长达三公里的东西轴线上，近400米的南北双翼向两侧轻盈地舒展，形成一条南北横轴。正面朝东，整个建筑呈现对称格局，严整而壮美。西面是规则的大花园，堪称世界上最大的皇家园林，也是欧洲园林的典范。凡尔赛宫是国王举行盛大庆典之处，它追求的是豪华的气派，而园林作为趣味盎然、幽雅静谧的场所，与宫殿正好互补。三条放射形大道犹如阳光，使宫殿宛如太阳，从此向外放射，放射到巴黎，甚至放射到整个法国。

18世纪初，路易十五执政期间，法国国力衰退，王室追求奢华享乐的生活。这一时期，经常由贵夫人主持宫廷生活，从此，在宫廷的室内装饰中又流行一种被称为"洛可可"的装饰风格。"洛可可"原意是指岩石和贝壳，引申为玲珑小巧和亲昵之意。这种风格带有华美而纤弱、烦琐而矫揉的强烈的脂粉气，它一直影响到整个法国古代艺术的终结。洛可可风格虽没有像样的大型作品传留下来，但是它追求室内装饰的舒适、温馨和方便，使法国宫廷生活面貌发生了明显的变化。

18世纪，法国"启蒙运动"兴起，1789年爆发了法国资产阶级大革命。法国的建筑艺术也随之发生了显著的变化，洛可可风格退去了，古典主义风格重新转回，古希腊罗马的建筑风格的影响日益增大，在风格上追求建筑形体的单纯、独立、完整和细节的朴实。这一时期最大的代表建筑是巴黎的万神庙。

巴黎万神庙由古典主义建筑师苏夫洛设计，1764年动工兴建，1781年建成。万神庙平面为希腊十字形，宽84米，连同柱廊一共长110米，穹顶最高点为83米。它的正面有六根19米高的柱子，上面顶戴着山花。它直接采用古罗马庙宇的正面构图，形体简洁，几何性明晰。设计者自称他的设计意图大体得以实现，那就是把哥特式建筑结构的轻快同希腊建筑的明净与庄严结合起来。

18世纪下半叶到19世纪前期，西方主要国家的建筑延续了法国古典主义风格，呈现出活跃的局面，设计完成了一些著名建筑，如英国伦敦的大英博物馆，俄罗斯圣彼得堡的海军部大厦和冬宫，美国华盛顿国会大厦等。但从整体西方建筑艺术来说，到了19世纪都随着古代社会退出历史舞台而走向终结。其终结的特征是：新的建筑形式、建筑风格不再产生，而在历史上风行过的种种古典建筑风格、建筑形式却以"复兴"的面目纷纷出现，以致形成"复兴"形式自由组合的折中主义建筑。

这一时期由于各国思想潮流以各种方式相互影响和渗透，反映在建筑上也是思潮如涌、流派迭兴，建筑艺术风格纷纷扬扬。由于近代社会生产的发展，新的生产性建筑和公共建筑越来越多。上述纷繁热闹的局面风光不再，到19世纪末20世纪初，就被欣欣向荣的现代思潮和现代建筑所取代，西方的古代建筑艺术从此走向了近现代的时期。

四、西方近现代建筑艺术流派与当代建筑艺术的发展趋势

1.西方近现代建筑艺术的流派与风格

西方近现代的历史一般可以从工业革命算起。18世纪中叶，英国由于大量使用机器生产而成了工业革命的领头羊，雄心勃勃的英国于1851年在伦敦举办了世界博览会，并推出了轰动一时的"水晶宫"展览馆。这座由园艺师帕克斯顿主持设计的"水晶宫"，全部是用钢铁和玻璃装配而成，这在建筑史上创造了一个奇迹，预示了一个新时代的到来。

在西方近现代建筑史上，不能不提到的第二个奇迹，那就是1889年巴黎世界博览会上，由巴黎工程师埃菲尔设计建成的巴黎铁塔。这座创纪录的高达328米的铁塔，虽然只是当时世界博览会上的标志性建筑，但是她宣告了一种新时代建筑艺术精神的到

西方建筑艺术的历史发展

建

筑

5

来，钢铁时代的到来，机械时代的到来，钢铁开始创造"无所不能"的神话。

工业革命不仅在欧洲创造了奇迹，而且在美洲大陆上也创造了奇迹，在那里已是硕果累累。最为出色的具有历史意义的成果，是1871年后兴起的"芝加哥学派"。那是因为1871年的芝加哥大火，给建设者们带来契机，芝加哥大火几乎烧毁了芝加哥的主要市区，重建任务迫在眉睫。以工程师泽尼为代表的建筑师们设计建成了大量的面貌一新的高层办公建筑，给世界展示出了一代新的形象。不仅如此，他们的代表人物沙利文，还提出了"功能主义"的建筑理论，他的"形式随从功能"的名言一直成为建筑艺术创作的不朽准则。

19世纪的伟大成果预示着20世纪辉煌的到来。一次大战后，百废待兴，建筑发展中的矛盾日益突出。一大批激进青年纷纷登场，建筑思潮空前活跃，他们的代表人物就是德国的格罗匹乌斯、密斯、法国的勒·柯布西耶，美国的莱特。

格罗匹乌斯和密斯都主张建筑的创新，建筑要走工业化的道路，他们在作品中展现了新的美学观念。

格罗匹乌斯的一大历史贡献，是在欧洲创办了包豪斯学院。这是一所贯彻新型教学体系，强调教学与实践紧密结合，建筑与其他艺术门类充分融合的新型学校，成为欧洲20年代传播激进艺术思潮的重要据点。1926年格罗匹乌斯设计建成了体现他的主张和思想的包豪斯新校舍，成为20世纪初"现代主义"建筑思潮的标本。1937年格罗匹乌斯移居美国并执教哈佛大学，培养了不少著名建筑师。

密斯是20世纪初最为激进的建筑师之一。他首先提出过玻璃，摩天大楼的设计意向。他和格罗匹乌斯观点相近，并继任包豪斯校长。他所设计建成的巴塞罗那博览会德国馆，不仅是"流动空间"的典范，而且也是他的设计哲学"少就是多"的最好教材。密斯于1937年移居美国，执教芝加哥伊利诺工学院建筑系，并设计了不少玻璃和钢铁的方盒子建筑。他的"功能主义"主张，重视结构和技术细节，追求"纯净"。

勒·柯布西耶是一个传奇式的人物，是一个多产的建筑师，既有超前的理论，又有不朽的作品。他的著作《走向新建筑》是一篇指向未来的宣言，观点鲜明，语言犀利，势不可挡。他和格罗匹乌斯、密斯虽然都有同一个立足点，但是他更彻底，更响亮，他的"房屋是住人的机器"的主张是一个彻底的梦想。他从理性主义出发，但是却走向了无比浪漫的"立体主义"和"粗野"，走向了彻底的个性化道路。他所设计的法国朗香教堂（参见第八章图53）始终成为建筑艺术中的迷。

莱特在20世纪建筑历史上的道路，永远绽放着异彩。他的作品是田园诗，是抒情诗。人们面对他的"流水别墅"时，享受到的是天赐人间的美，是"自然的建筑"。人们面对他的古根汉姆美术馆时，一种奇妙的美感油然而生，这是唯一的美感，是莱特的唯一。莱特的独特是无与伦比的，他的"有机建筑"理论更像淳厚的美酒，与人们的生活共存，与大自然共存。

20世纪上半叶，由于强化了"现代主义"、"功能主义"以及工业化的道路，使建筑面貌发生了革命性的变化。1928年成立了"国际现代化建筑协会"，推动着现代化建筑的发展。到了20世纪40—50年代，现代建筑流派与思潮已经成为世界主导地位的建筑思潮了，被称为"国际式建筑"。

进入50年代现代建筑运动开始分化，"国际现代建筑协会"宣告解散。美国的建筑思潮十分活跃，在对"现代主义"建筑原则质疑的基础上，走向了个性化的道路，走向了"黄金时代"。这个时代美国的菲利浦、斯东、亚马萨奇三位建筑师为代表的"典雅主义"风行一时，他们喜爱对古典主义的创新，强调人本主义的哲学，追求优美的形象和比例，因而他们的作品大都华贵、大方而有新意，如斯东设计建成的美国驻印度大使馆和1958年布鲁塞尔世界博览会美国馆，大受舆论的追捧。

60年代以后，由于世界经济相对稳定，建筑事业相对繁荣，于是各种建筑思潮纷呈，各种建筑流派涌现，载入史册的建筑精品不断建成。哲学领域中法国的结构主义兴起，逐步替代了存在主义哲学，并对世界诸多学科产生了影响。荷兰建筑师范艾克在

建筑

5

研究人类学的基础上，提出了一系列的建筑与城市体系中的"结构主义"主张，并在1960年设计建成了他的代表作品——荷兰阿姆斯特丹儿童之家，引起全球建筑界的关注。范艾克的理论和作品对日本著名建筑师丹下健三有很大的影响，丹下的不少作品都直接运用了"结构主义"的理论和手法。范艾克和丹下健三以及美国著名建筑师路易·康都是"国际现代建筑协会"内部的"十人小组"成员，他们的观点相同，互相有所影响。路易·康1972年设计建成的美国得克萨斯州金贝尔艺术博物馆就是一座典型的"结构主义"的作品。"结构主义"的出现是历史的必然，它给"现代主义"建筑找到理论基础的最终归宿，成为"现代主义"进一步发展的推动力。"结构主义"影响深远。

60年代以后，美国再一次出现了一个建筑高潮，建筑艺术呈现出一个全面个性化的局面，这个个性化的局面主要是由所谓的美国第二代建筑师承担了主角。美国第二代建筑师人才济济，精英辈出，比如贝聿铭先生从立体主义的视角出发，不懈地探索现代新空间的可能性，事业不负有心人，贝先生终于在1972年完成了史诗般的作品——美国华盛顿艺术东馆。（参见第八章图54）波特曼的建筑事业在上世纪六十和七十年代大放光彩，如日中天，他以一个建筑师兼房地产开发商的身份，为美国设计建成了成片的大型商业办公建筑群，有效地改变了美国一些旧城市的环境面貌。他大声疾呼："今天，环境设计是最大的问题。建筑师们必须把他们的精力转移到环境建筑上来。"①在创作中他提出了相关的设计理论，如"协调单元"、"动态的空间理论"、"空间生态化"，他的相关理论成就他设计出大量让人愉悦的"共享空间"。埃罗·沙里宁也是非常出色的，他从美国圣路易市杰弗逊国家纪念碑开始到纽约肯尼迪国际机场美国环球航空公司候机楼到华盛顿杜勒斯国际机场的设计都成为美国的标志性建筑，受到一致好评。说到美国SOM设计事务所，让世人瞩目，让业内人士敬佩。这个世

① 约翰·波特曼、乔纳森·巴尼特：《波特曼的建筑理论及事业》，中国建筑工业出版社1982年版，第72页。

界上最庞大的设计集团，集中了大量优秀的建筑师。他们设计建成了大量富有创新精神的作品，这些作品功能完善，空间比例推算精细，善于使用工业化新材料，重视室内外环境设计，追求整体和细部的美学效果，从而赢得世界声誉，他们的作品遍及世界各地。

美国"第二代"建筑师风采多样，个性张扬，一方面使现代建筑运动走向极盛，另一方面使分化的前景开始浮现。其中引起波澜最大的是"后现代主义"思潮和运动。后现代主义是以美国为中心的从60年代开始的一种文化现象，它波及文化各个领域。1966年文丘里发表文章《建筑的复杂性和矛盾性》，实际上这篇文章是后现代主义的宣言书，文章中很具体地提出了"后现代主义"的理论主张，同时，文丘里还设计了他在宾州核桃山的"文丘里住宅"，这是他对他的理论的形象注解。70—80年代，后现代建筑运动热火起来，并出现了它的优秀人物格雷夫斯。在他推出了美国俄勒冈州波特兰市政中心大楼以后，名声大噪，不仅自己接二连三地设计了不少后现代风格的建筑物，而且影响到整个建筑界，后现代之风吹遍全球。后现代主义实际是对古典主义采取了戏谑的态度，对现代主义采取了随意的态度，由于过度和任意的艺术态度，使后现代主义逐渐退出了历史舞台。

欧洲建筑师特有的理性创作态度，使"高技术"流派在欧洲取得了长足的发展。进入20世纪70年代以后，英国建筑师理查·罗杰斯和意大利建筑师伦佐·皮亚诺合作设计的巴黎蓬皮杜国家艺术文化中心（参见第八章图56），使"高技术"建筑的风格逐步为人们所接受。其后，罗杰斯又于1979年设计了他第二个"高技术"风格的重大项目，他更为夸张和炫耀建筑中的高技术特征和材料，给人以深刻的印象。另一位"高技术"流派大师英国诺曼·福斯特，他的一系列"高技术"风格的作品，使他成为"高技术"流派的领导人物。他在1981年设计1986年建成的香港汇丰银行大楼，以其出色的新结构体系和建筑外观的独特、超前、独到的内部空间和高超的技术设施，使其成为20世纪世界最杰出的建筑作品之一。

西方建筑艺术的历史发展

建

筑

日本建筑师在 20 世纪 60 年代开始就登上了国际建筑舞台，丹下健三以其纯熟、大方、多产的作品让世界刮目。他的事务所培养出了一代著名世界级的建筑师，如矶琦新、黑川纪章、槙文彦都是他的学生。黑川纪章以其"共生思想"和"新陈代谢主义"作为他建筑创作的理论支柱，使他在世纪末为世界的瞩目。

2.当代西方建筑艺术及其发展趋势

我们正处在世纪交替的当代，似乎一切都显得朦胧。正像矶琦新说的那样："未来不明朗，这是当今各学术领域中的共同话题。与执著地、坚定地信奉现代主义的那些年代相比较，近 20 年来的建筑设计理念尚未得到归纳整理，而是处于一种分崩离析状态。也许正是这个原因，将此称为多元主义的观点才应运而生。"①

我们可以说当代建筑艺术正处于多元状态，但并不是分崩离析，而是欣欣向荣，流光溢彩，可能正在成就新的突破。

世纪末在哲学领域出现了"解构主义"之争，反映到建筑领域中很快就出现了建筑中的"解构"。英国《建筑设计》杂志于 1988 年 3 月在伦敦泰特美术馆举行了"国际解构主义建筑学术研讨会"，同年六月美国的约翰逊和威利在纽约现代艺术博物馆举办了"解构主义建筑七人展"，一时间"解构主义"不胫而走，传遍世界。"解构主义"强调冲突、强调片段、强调理性和非理性的对立，拒绝"综合"的观念，主张"分解"、"分离"的理念。他们的主张和理念受到了关注，如法国屈米设计的巴黎拉维莱特公园中的小品建筑，美国埃森曼设计的俄亥俄州立大学视觉艺术中心，德国李勃斯金设计的柏林犹太人博物馆新馆等建筑。"解构主义"的先锋派人物美国建筑师盖里，从 1978 年设计他自己的住宅开始，不断强化他的碎片雕塑的手法，推出了不少大型作品，如美国的明尼苏达大学的斯曼美术馆，纽约的古根汉姆美术馆，美国的迪斯尼音乐厅。"解构主义"的理念和风格逐渐为人们所接受，成为世纪之交的一种建筑时尚。

---

① [日]渊上正幸：《世界建筑师的思想和作品》，中国建筑工业出版社 2000 年版，第 4 页。

世纪交替之前，后现代主义曾经"宣判"过现代主义的"死刑"，其实不然，"现代主义"不仅没有消失，而是更加朝气勃勃地走向了"新现代主义"。其中表现最为突出的就是美国的ＫＰＦ建筑事务所。起始，他们用简约的方法再现古典主义的神韵，发展以后逐渐走向了一种"复合"的现代主义创作道路。就是说，是现代主义的，而局部可能是复合了古典主义以至其他各种片段的手法。由于他们设计精心，着力创作，他们的市场遍及世界各地，尤其是高层建筑的设计，几乎由他们独占鳌头。

在"新现代主义"浪潮中，不能忽视的一个人物，是美国芝加哥的赫尔墨特·扬。他的风格流畅、大方、多变，有古典的庄重，有现代的直白，更有他特有的标志性英雄主义色彩。让他在纷繁的世纪之末脱颖而出。另一个出色的美国建筑师就是迈耶，他在内涵上继承了密斯的"纯净"和勒·柯布西耶的"粗野主义"。但是他是全能的，创新的，个性的，他以"白色派"面世，他用叙事的方法展示他的空间意境，他以他那耐人寻味的诗意，赢得了全世界的读者，因此他算得上是一个"白色"的建筑诗人。在当代那些夸张建筑盛宴之外，人们可以享受到一缕青烟和习习微风。和他的气质相仿，在世纪交替中得到人们赞扬欣赏的建筑师还有安藤忠雄。安藤是一个经常给人出其不意却完全是自学成才的建筑师，他直接面对大师们的作品，汲取他们的精华并使之重构和升华。由于他的无拘和放松，他的灵性和执著如放飞的风筝那样流畅和惬意，他的空间多变，语言率真，他既朴实无华，又风云不测，成为建筑界的奇葩式人物当之无愧。

现代主义在世纪交替之际一种发展的结果，是现代主义在新条件下的深化和扩展，是世纪末诸多建筑师的一个群体运动。为此１９９０年９月在伦敦泰特美术馆举行了关于"新现代主义"国际学术研讨会，进一步推动了"新现代主义"的发展。

在世纪交替之际的当代多元状态中，"高技术"流派又有强劲的发展，一大批具有新颖造型的大型公共项目在世界各地建成。例如西班牙建筑师卡拉特拉瓦１９９４年设计建成的法国里昂火车站，意大利建筑师伦佐·皮阿诺１９９５年设计建成的日本大阪关西

国际机场，以及英国建筑师设计建成的香港国际机场等，都显示了"高技术"流派具有无限的可能性，不仅技术上具有长远的潜力，在艺术表现上也魅力无穷。

重视建筑的生态化也是世纪交替中出现的重要趋向。不仅要让生态尽可能地进入建筑的内部空间，有的设计还让建筑外表尽可能成为绿化的温床。

世纪之交好像是朦胧的，但在朦胧中看到了更多预示未来无穷可能性的闪光点。

124

第六章　中西建筑艺术的比较

ZHONGXI JIANZHU YISHU DE BIJIAO

　　从上面两章的阐述可知，中国和西方建筑艺术都有各自产生和发展的历史，从而形成了各自独有的传统和特色。我们在分别领略各自的传统和特色之后，应该并且可以对它们进行一番比较研究了。有比较才有鉴别，才能相互取长补短，才能使建筑艺术得到丰富和发展。本章将从总体特征、建筑类型、建筑观念等方面进行比较。①

---

①　本章较多参考、采用了朱希祥《中西美学比较》一书中的观点和材料。

一、总体建筑艺术特征的比较

1．木与石的变奏

翻开一部厚厚的建筑历史，我们会发现一个奇妙的事实：以中国为代表的东方建筑艺术体系，是以木构发展而来；而以欧洲为代表的西方建筑艺术体系，却是以石构基础发展至今。无论是宫廷殿阁，还是佛寺道观，抑或是亭台楼榭，我们看到的中国建筑，都离不开木构为主体；而西方的建筑，教堂也好，宫殿也罢，乃至一般的洋房，又都与石构分不开。一木一石，一柔一刚，泾渭分明，各具特色。中西建筑艺术，以木石为主旋律，分别奏响着不同音韵与节律的美妙变奏曲。

中国古代建筑以梁柱结合的木构框架为主结构体系，"以木料为本位的建筑，其构造为楣式，其檐深而轻，大体有轻快之情趣。以砖石为本位的建筑，其构造为拱券式，其檐浅而重，大体有厚重之情趣。"①可以说，与西方的砖石为主体的建筑相比较，中国的木建筑更具有温和、实用、平易、轻捷的艺术特征，洋溢的是入世的生活情趣，内含的是实践理性精神。蔡元培说："我国建筑，既不如埃及式之阔大，亦不类峨特式之高耸，而秩序谨严，配置精巧，为吾族数千年守礼法宗实际之精神所表示焉。"②基于自然环境和科学技术条件的不同，古代西方建筑上突出了以石为主体的特征，体现的是以神为崇拜对象的宗教神灵精神。例如古希腊罗马的神庙建筑、卫城建筑，中世纪的拜占庭建筑、"罗马风"建筑、哥特式建筑等等。这些建筑采用的主要材料都是冷而硬、厚而沉、庞而大的石块和石柱，追求的是一种高大、壮丽、神秘、威严和震慑效果，体现的是一种弃绝尘寰的宗教出世精神。

中国的实践理性精神和西方的宗教神灵精神，还体现在建筑色彩、结构等形式上。拿建筑色彩来说，中国古典建筑的主色是

---

① 伊东忠太：《中国建筑史》，转引自朱希祥《中西美学比较》，中国纺织大学出版社1998年第1版，第168-169页。

② 《蔡元培全集》，第249页，转引自朱希祥：《中西美学比较》，中国纺织大学出版社，第169页。

象征幸福、喜庆的粉红色，其次是象征永久、平和与生机的蓝绿色；宫殿建筑则用象征尊贵、威严的金黄色。这些色彩涂在原本无色的木质材料上，起着一种既保护又美化的作用。中国色彩又喜用原色，不掺和杂色，红、黄、蓝（绿）主色配合着白、黑色，与体现阴阳五行之说相对应。西方建筑色彩主要由大理石贴面和彩色玻璃体现。它们是以白色、灰色为主调，红、黄等为辅色，产生一种迷乱、朦胧而又鲜亮辉煌和扑朔迷离的效果，给人以神秘、惶惑之感。

中国和西方之所以形成木构和石构这样截然不同的传统，主要在于：中国的建筑是人住的房子，西方建筑更像是神住的殿堂。它牵涉到一个以"人"为本和以"神"为本的文化观念。神是"永恒"存在的，而人却是暂时存在的。明代建筑家计成在《园冶》中说："固作千年事，宁知百岁人。足以乐闲，悠然护宅。"意思是说，人和物的寿命是不相称的，物可以传至千年，人生却不过百岁，我们所造的住宅和其他建筑物，只要能满足自己使用的年限就足够了，何必越俎代庖遗留给后代子孙呢？

自古以来，中国除了陵墓建筑和纪念性建筑外，一直没有把建筑物看做是一件永久性的东西。房子破了，拆掉再建；甚至整座城市旧了，可随着一个新朝代的更替而重新建造。历史上，除了唐代和清代，差不多所有的开国之君都是重新建筑自己的宫殿和都城的。中国古代存留至今的建筑实在太少了！西方人把建筑看成是一个永久性的环境；中国人却着眼于当代的天地。这个问题在对材料的选择上便充分表现出来：西方建筑大多是以石头做原料，因此被称为"石头写成的历史。"中国建筑以木结构为主，中国有句俗话叫："房倒屋不塌"。一位西方建筑学家在对中国建筑进行了详细考察后发现：木构框架建筑，即使四周墙壁倒塌，屋架仍可岿然不倒。

砖石结构的技术焦点是"拱券"，在这方面中国先人并不比古代西方人差，中国之所以没有沿砖石结构建筑道路发展，在很大程度上是因为受"仁俭生知"观念的影响。中国建筑长期采用木框架与砖的混合结构，主要原因就在于它是一种最为经济合理的

中西建筑艺术的比较

建筑

6

结构方式。木结构建筑节约材料、劳动力和施工时间，中国的建筑是世界上最节省的建筑。雅典的奥林匹亚宙斯神庙建筑群，前前后后一共花了三百多年时间才完成（前174—132年）；罗马的圣彼得大教堂花了一百二十年时间才建成（1506—1626年）；秦始皇统一天下不过十一年（前221— 前210年），却完成了阿房宫、骊山陵、长城等宏大建筑。中国建筑工作面大，分布广，成千上万人可同时工作，而且木结构可采用标准化和预制化，这无疑大大加快了建筑速度。

但是，凡有利者也必有弊。木结构的优点正是石结构的缺点，而石结构的优点也正是木结构的缺点。中国古代建筑遗存极少，其原因盖出于此。项羽入关，阿房宫付之一炬；英法联军一把火，圆明园不复存矣。

2. 框架式与围柱式

由于以木构为本位，因此中国建筑在结构上采用的是框架式，即采用木柱、木梁构成房屋的主要骨架。从实用性来看，具有"房倒屋不塌"的效果和能满足较多变化的功能要求。它的突出优点是结构所占的体积很小，建筑内部空间开敞贯通，便于各种不同用途的室内布局。这种结构解放了墙体，墙不承重，只起围护作用，因而可以非常灵活的设置。它既可给门窗的设置留有机动余地，又为形成特有的屋檐"斗拱"和千姿百态的屋顶设计奠定了基础。

中国建筑中的斗拱和屋顶的形成与发展在审美上有极高的价值。斗拱是中国传统建筑中最奇特和最引人注目的部分。它在结构上起到支撑屋顶并将层檐向外悬挑出一定距离的作用。它的美体现在自身的轻盈精巧与屋顶的坚实厚重形成鲜明的对照。斗拱到明清之后，已纯为装饰部件；屋顶则是实用与美观的结合体。中国建筑中的斗拱、屋顶以及门窗的设计和安置有两大特点：一是本身样式的丰富多彩；二是组合方式的变化多端。就本身的类型而言，我国的斗拱、屋顶以及门窗的种类数不胜数，美不胜收，据粗略统计，仅窗的类型就有数百种之多，而窗棂的系列样式更是多达数千种。

西方古典建筑以石构为本体的结构特点是围柱式和由此生发出来的如罗马斗兽场的券柱式。围柱式是古希腊神庙建筑的典型形式，它是指神庙的四周围以高大的石柱排列，形成一个石柱长廊，以扩大建筑空间、处理材料与采光的关系、增强装饰性和神圣感。在这里，柱子便成为建筑的主要构件。从实用和美观出发，古希腊建筑师创造了三种柱式：一是仿男人体的粗壮雄健的多立克柱式；二是仿女人体的柔美典雅的爱奥尼柱式；三是由爱奥尼式演化而来的匀称秀丽仿佛飘散着野性气息的科林斯柱式。

这种以石柱为重要构架的建筑本身体现出的审美价值，这种"成熟的美的建筑"的装饰之美，突出表现在石柱的柱基和柱头上，"就像音乐里的旋律要有一种明确的结束，也像书里一句话要用一个大写字母开头，用个句号符号结束，在中世纪句首的大写字母还要特别放大而且用彩色加以美化，句尾也有同样的装饰，为的是要突出起点和终点。"①西方建筑装饰上的发展，如洛可可、巴洛克等的风格都是从这些柱式的柱基和柱头出发，进行较大规模的美化的，它们好像一个个跳跃的音符，融合在"巨大的石头交响乐"之中。

3.群体式与单体式

群体组合，是中国建筑不同于西方建筑的一个显著特征。中国建筑的形式与功能丰富多彩，但一般不以一个体量巨大的单体来统摄、体现，而是以诸多布局有序的单体所构成的群体组合来实现。

在中国古代建筑中，除了军事建筑和佛塔建筑以外，极少有像西方那样直指苍天的高大建筑物。虽然曾出现过高台建筑，但绝对高度都不大。现在我们能见到的最为雄伟的宫殿建筑是北京故宫的太和殿，连同三层基座在内也不过30多米，根本不能与欧洲教堂建筑动辄上百米相比。但中国古代建筑并不失其威严，甚至比欧洲建筑更显恢弘壮丽，其原因就是中国传统建筑有自己独特的组群方式。

---

① 黑格尔：《美学》第3卷上册，商务印局馆1981年版，第68-69页。

中国古代建筑，无论是一般民居住宅，还是宫室殿堂、寺观庙宇，基本都是庭院化的组合方式，即由若干单座建筑和一些围墙、廊厦、屏障、照壁环绕成的一个个庭院而组成的建筑群，如故宫三大殿、北京的四合院等。这种布局一方面明显造成了君臣、长幼、男女、内外的等级差别；另一方面又表现出那种"庭院深深深几许"的艺术境界。

中国古代宫殿建筑尤其强调群体性。这是因为群体的序列有助于渲染皇家王朝的威严气势，群体的布局有利于体现宗法等级的尊卑贵贱。从宫殿的平面布置方式来看，中国宫殿有着严格的主次、内外等级；而西方宫殿中各种用房的设置没有十分明显的等级差别，只是室内装修有所不同。从文化传统影响方面来讲，西方男女有别的封建观念较中国淡薄，因此宫殿建筑的公共活动空间较大较多；而中国宫殿建筑的公共活动空间则十分有限，这与中国数千年来君权至上的封建专制统治有着密切关系。

中国古代建筑在平面布局上都可归结为"间"。所谓"间"，就是四根柱子所围出的一块空间，单体建筑都是由若干这样的"间"组合而成的。几栋单体建筑可以组成"院"，若干"院"又可以组成完整的建筑群。无论是高贵神圣的皇宫佛寺，还是普通平凡的客店民居，实际上都是由"间、栋、院、群"等基本元素逐级组合而构成的。中国建筑的丰富性，首先表现为群体的丰富性。据文献记载，唐代最大的庙宇章敬寺凡48院，殿堂房舍总计4130余间，假如将这4000多间房集中建成一所规整的"大房子"，肯定不会像群体组合这样多姿多态。假如将北京故宫建成一座"政府大厦"，其体量当然可观，但已经不是中国式的丰富多彩了。

中国建筑群的组合原则是多种多样的。按照严格的等级制度强调中轴对称的原则，可以构成宫殿、坛庙、陵墓和四合院住宅；而按照不拘一格的原则可以构成"步移景异"、"宛若天成"的文人私家园林；当然，还有融二者于一体的皇家园林和寺观园林。总之，中国传统建筑把简单的元素和丰富的原则巧妙地糅合在一起，构成了极为独特的建筑体系。这一体系的精髓就在于单体建筑因群体而存在，群体建筑因单体的参与而显现出力量，这种不可分割的整体感给人以高度的美的享受。

相比而言，西方建筑无论是古代的大型神庙，还是中世纪的大教堂，抑或是近现代的摩天大楼，往往以巨大的单体建筑而取胜，在巨大的体量之中，将同一幢建筑分割为不同的空间区域、单元去完成各种各样的功能。西方建筑从整体组合来说，追求的是一种独立的审美意蕴和价值，注重的是个体的艺术效果和建筑风格。古希腊建筑成就最高的纪念性建筑群——雅典卫城就是典型代表。卫城虽为一个整体，但它没有很强的整体感，也就是没有中国建筑那样用中轴线来控制整个建筑的设计，有的是各自相对独立的神庙、祭坛等个体建筑物，其中最突出的是帕提侬神庙。

西方建筑虽也有群体组合，但相比之下它更注重个体特征。从古希腊的三种柱式到古罗马的五种柱式，从哥特式教堂的尖顶到东正教教堂的洋葱式，都非常重视建筑的个体风貌，刻意表现出不同于其他建筑物的强烈个性。

西方也不是没有衬托性的建筑，只是形式与中国有所不同。例如，与中国衬托性建筑相类似的西方建筑形式有两种：一是类似中国照壁和阙的古罗马凯旋门和拿破仑所建巴黎凯旋门；二是类似中国华表、石狮的西方人物雕塑和动物雕塑等。它们也起着衬托主体建筑的作用，但不同的是所体现出的时代精神与审美效果。如帕提侬神庙前的雅典娜神像所表现出的是雅典国家的繁荣昌盛和威力无比的鼎盛的时代精神，它给人的是一种平易安详而又庄严雄伟的独特审美感受。

西方也有将建筑与园林相结合的作法，其中一部分是从中国借鉴过去的，因此，有与中国相似的美学特征。但他们那种园林布置和与建筑相结合的表现手段，强调和追求的是人工化的整齐一律、均衡平展和直、长、高的气势，与中国园林建筑有几分相似而又大不同于中国园林建筑的趣味。

二、建筑艺术类型比较

建筑的类型一般分为：生产建筑、公共建筑、居住建筑、纪念性建筑、园林和建筑小品等。各类建筑在物质功能与审美要求

上各有侧重。蔡元培认为我国建筑中具有审美价值的有七种类型：宫殿、别墅、桥、城、华表、坛、塔等。西方没有完全对等的建筑类型可做比较。这里我们采用现代的分类法，将建筑分为五种：宫殿、坛庙、寺观、古塔、新建筑。其中除古塔外，西方也基本有类似种类，故做以下四种建筑类型的比较。

1.宫殿建筑艺术比较

在所有建筑类型中，宫殿建筑总是最引人注目。它的宏大规模、豪华装饰，体现的是一种独特的壮丽的美。这类建筑主要是指历代帝王和统治者营建的各种宫室、殿堂、府邸等。中国从秦始皇的阿房宫起，到西汉的未央宫、唐代的大明宫，直至明清的故宫都是这类建筑的典型。西方的宫殿建筑包括亚述帝国时期的萨艮王宫、意大利文艺复兴时期的美第奇府邸、法国古典主义的凡尔赛宫、俄国圣彼得堡的冬宫等。中西宫殿由于建筑目的相似：统治者从现世考虑，为满足骄奢淫逸的生活和显示其统治的威严，因此，在规模、布局、结构和风格上有着不少相同或相似之处。下面以故宫和凡尔赛宫作为中西宫殿建筑艺术代表做一比较。

北京故宫（又称紫禁城）是世界上现存规模最宏大、规划最完整的木结构建筑群（参见第七章图33）。总平面呈长方形，南北长961米，东西宽753米，占地72公顷，拥有大小宫殿70余座，房屋9000余间，总建筑面积15万多平方米。故宫沿袭我国传统的"前朝后寝"的形制布局，其主要建筑分"外朝"和"内廷"两部分。"外朝"以太和、中和、保和三大殿为主体，立于8.13米高的三重汉白玉须弥座台基上。太和殿是皇帝举行登基、朝会、庆寿、颁诏等大典的地方，地位最尊。它高35.5米，宽63.96米，进深37.17米，面积2377平方米，金碧辉煌，巍峨壮观，气势非凡，殿前方形广场面积达2.5公顷。"内廷"包括乾清宫、交泰殿、坤宁宫、东六宫、西六宫、御花园等，是皇帝处理日常政务和后妃居住的地方。全部建筑按中轴线对称布局，几十个院落纵横穿插有序，近万间房屋高低错落有致，整个空间序列主次分明、疏密相间，宛如一首凝固的交响乐，突出地显现了皇权至高无上的气势，表达了"非壮丽无以重威"这一皇宫建筑的传统美学思想。

故宫精湛的设计和建造，凝聚了中国古代建筑艺术的最高成就，是我国也是世界木构宫殿建筑的伟大丰碑。

凡尔赛宫是法国封建时代的行宫，是古典主义建筑最重要的代表作（参见第八章图51）。它占地11.1万平方米，由宫前大花园、宫殿和放射性大道三部分组成。构图上采取了古典主义所提倡的横三段、纵三段的格式，建筑布局以东西向为轴，南北对称，突出主体，呈主次分明的几何图形状。宫殿南北长约700米，中央为主宫，其大厅长76米，宫殿内金碧辉煌，装饰极其豪华奢侈。宫内殿堂、办公楼、教堂、舞厅、歌剧院等应有尽有。宫殿前面是一个纵深3公里的大花园；宫殿后有三条放射性大道，象征王权无限延伸。整个建筑群庄严凝重、气魄宏大，是所谓永恒性、普遍性的权势与理性、条理与秩序的宫廷文化的典型象征。

我国著名美学家蒋孔阳先生参观了凡尔赛宫后，将它与故宫做了比较。他指出，凡尔赛宫前广场与太和殿前广场惊人地一致：都是砖石铺地，不植一株树木，不种一棵花草。这说明中西封建统治者的审美观都是讲究气派和排扬，讲究庄严和秩序。可以说，它处处都在赞美帝王的豪华和威严，"这是世界上独一无二的王权的美！"蒋先生同时指出两个皇宫在藏品方面的明显差异：故宫藏品多是珍宝，包括世界各地罕见的金银饰品、珠宝玉器、钟表陶瓷、奢华用品、精巧玩具等；而凡尔赛宫藏品则多为艺术品，包括大量出自名家之手的油画、雕塑、工艺品等。这种差异之中也有共同点，即都属于垄断型、享乐型的王权文化。可见，二者同中有异，异中有同。

2.坛庙建筑

建筑中充满原始、粗砺和神秘气息的是坛庙。坛是露天高台，庙是屋宇殿堂。坛庙是帝王祭天、祭祖、祭神的建筑。在中国，主要有天坛、地坛、日坛、月坛、社稷坛、风神庙、雷神庙、宗庙以及陵墓等建筑。西方主要有宙斯祭坛、罗马和平祭坛、美洲金字塔等建筑。下面我们用中国天坛和古希腊宙斯祭坛做一个比较。

北京的天坛（参见第四章图11、图12）始建于明永乐年间，占地面积比故宫大两倍，是皇帝祭天的场所。整个建筑群依"天

圆地方"的观念而设计，规模极其庞大。园内主要建筑分两组，即北头的祈年殿和南端的皇穹宇及圜丘。圜丘是祭天的主要神坛，它暗合天的阳数，而将台面、台阶、栏杆所用的石块、栏板的尺度和数目都用阳数（奇数或它们的倍数）来计算。最主要的建筑祈年殿的平面不仅和圜丘、皇穹宇一样都是圆形，以符"天圆"的宇宙观，又用深蓝色琉璃瓦顶做主色，象征"青天"。内外三层柱子的数目，也和农历的四季、十二月、十二时辰等天时相关联。祈年殿立于高高的台基之上，鎏金铜宝顶直接云天，给人以崇高、升腾和神圣的感受。两组建筑之间有一条高出地面4米，长达600余米的白石路相连接，犹如一条通天大道，构筑在建筑群的中轴线上。建筑群层层衬托，使主体建筑鲜明突出，显出一种静谧、肃穆、神圣的氛围。

宙斯祭坛大约建成于公元前160年，是帕加马卫城的主要纪念建筑，古希腊国王修建它是为了纪念战胜高卢人。祭坛建筑平面是凹形，主体除台阶一面外的三面环绕一圈高3米多的爱奥尼式柱廊，祭坛在中央。在几近正方形基座上有高大勒脚，阶梯贯穿勒脚通往祭坛平台，基座高5.34米，基座勒脚有巨大的饰带。饰带长约120米，高2.30米，上刻精美的众神与巨人们战斗的浮雕，其中有宙斯与三巨人搏斗的紧张场面，宙斯是希腊神话中的众神之王，被称做天神，饰带清楚地表明祭坛有敬奉神灵的象征意义。神灵具有超自然的威力，国王凭借神力，才能威力无穷，人们只有对神灵顶礼膜拜，才能得到宽恕和保佑。

中国的天坛与希腊的宙斯祭坛，虽属不同时代、不同国度的建筑，但就其功能来说，都是祭祀神灵的。天坛是皇帝祭祀天神的场所，通过祭天，以求得风调雨顺、五谷丰登；而宙斯祭坛则是国王和臣民祭祀天神宙斯和其他众神的，以求神灵的护佑和宽恕。应当指出的是，它们所体现的则是截然不同的两大建筑体系。天坛是中国木构建筑的典范和杰作；而宙斯祭坛则是西方石构建筑的突出代表。此外，天坛的建筑理念从根本上说是追求人与自然的契合，强调的是"天人合一"，这与宙斯祭坛所体现的"神人对立"的西方传统观念是南辕北辙的。

3.寺观与教堂建筑艺术比较

在宗教建筑中，艺术性最强的是中国的寺观和西方的教堂。寺是指佛教寺庙，观是指道教宫观。道教宫观建筑是以佛教寺庙为蓝本演化而来的，所以，这里主要以佛教寺庙为论述对象。

从总体上说，中国寺庙和西方教堂都与前面讲的宫殿建筑相类似。中国的寺庙很多是在官府的基础上改建的，所以，它有着与宫殿建筑相似的大屋顶、木柱、粉墙等，只是在受到印度佛教建筑影响较大的一些建筑中，才显现出别样的特点。西方教堂是古希腊和古罗马神庙建筑的继承和发展。

寺观与教堂建筑的差异，植根于神的人化与神人对立这一中西审美文化的差别之上。神的人化是中国传统美学特征，是"以乐为中心"和"天人合一"的特征在宗教上的表现，也是崇拜自然与崇拜祖先统一的中国宗教观念的集中体现。神人对立则是西方人"罪感文化"的表现。这两种不同的观念都潜移默化地凝结到了建筑艺术中。

"以乐为中心"和"天人合一"是中国儒家对人生态度的积极入世精神，它与佛教提倡虚静、平和、清心寡欲、积德行善，与道教提倡的淡泊无为、清净自然、炼金服丹、益寿延年等思想相当契合。这种契合被移入到了中国的寺观建筑之中。中国多数宗教建筑选择在自然环境优美、山水风景绝佳之处，"天下名山僧占多"指的就是这种思想的体现。中国寺观类似宫殿形制和官府格局的事实就说明了以人为本的观念和僧俗相融的思想意识。于是，不是孤立的、摆脱世俗生活、象征超越人间的出世的宗教建筑，而是入世的、与世间生活环境联在一起的宫观寺庙建筑，成了中国建筑艺术的代表。正如李泽厚先生所说："不是高耸入云、指向神秘的上苍观念，而是平面铺开、引向现实的人间联想；不是可以使人产生某种恐惧感的异常空旷的内部空间，而是平易的、非常接近日常生活的内部空间组合；不是阴冷的石头，而是暖和的木质等等。构成了中国建筑的特征。"[1]

---

[1]　李泽厚：《美的历程》，天津社会科学出版社2001年版，第103页。

中西建筑艺术的比较

建

筑

6

西方的"罪感文化"体现的是灵与肉的分裂，精神的紧张痛苦，企图获取意念超升而得到心理与灵魂的洗涤，得到与上帝同在的迷狂式的出世的喜悦。西方人在宗教上的意识是：把人生的意义和生活的信念寄托于神或上帝，寄托于超越人世间的欢乐。西方宗教建筑的两大体系都不同程度地体现了这些特征。例如拜占庭教堂的建筑艺术，主要是发展了古罗马的穹顶结构，教堂大厅是空旷高深的；穹顶和拱顶用半透明的彩色玻璃组成，玻璃后用金色做底色，使色彩斑斓的镶嵌画统一在金黄的色调中；再衬上墙壁和底部的五彩缤纷的壁画，步入其中，有神迷惘荡、无上崇仰之感。而哥特式教堂外表的动势和锋利、直刺苍穹的尖顶，也是一种弃绝尘寰、洋溢宗教情感的体现；内部辉煌耀目，呈现一种上帝神圣居所的幻景。

可与哥特式建筑外形相媲美的是中国的古塔。古塔建筑是从印度传入的，又融合了中国原有的亭台楼阁建筑中的一些艺术特点，创造并融进了中国特色，成为中国建筑中极其重要的一种艺术形式。它与哥特式建筑相同的是高、直、尖和耸向天际的动感。不同的是哥特式是以教堂为代表，形式较为单一，圆锥的形态是依附于建筑主体的。中国的塔则是宗教建筑中形式多样，有着独立意义的一种形式，更有其独特的审美意义和艺术价值。中国各种类型的塔都有塔基、塔座、塔身和刹、檐等组成，它们除了宗教意味外，都具有装饰的作用，增强了整座建筑的挺拔、壮丽的气势。唐代诗人岑参游长安慈恩寺塔（大雁塔）后吟诗道："塔式如涌出，孤高耸天宫，登临出世界，蹬道盘虚空。突兀压神州，峥嵘如鬼工。"精辟地概括出该塔的雄姿（参见第四章图7）。此外中国的塔凸显出一种更世俗化的人情格调，如唐长安慈恩寺塔院女仙绕塔"言笑甚有风味"的轶事，浙江杭州雷峰塔、福建泉州姑嫂塔那样的动人传说等等。在西方，虽然黑格尔也把哥特式教堂作为浪漫型建筑的代表，认为这类建筑已经超越了理性的界限，充分表达了人的内心情感，但我们看到的仍是雨果在《巴黎圣母院》所描述的意味：将哥特式建筑作为故事情境和融入作者的理想愿望的外部标志，洋溢着的虽也是非理性的浪漫色彩，却较为

定向化和单一化，世俗生活和情感的力量在建筑形式上变得比较微弱。（参见第八章图48）

三、建筑观念比较

无论总体特征的不同，还是建筑艺术具体类型的差异，都是由思想观念的差别造成的，而思想观念的差别则源于中西方文化背景的分野。

1.敬祖先与敬神灵

中国古建筑始于尊祖敬宗的观念，这种观念发端于上古时的血缘姓族制度，而后演化成长期影响中国历史的宗法制度。在西方，古建筑源出于供奉神的观念，因而神庙建筑成了古代西方建筑的代表。

由于古代西方崇拜神灵，这种观念体现在建筑上，则要求坚固、永恒，让神永在，也让人们永远去供奉崇拜。对神进行崇拜，就是要祈求神对自己及后代的保佑，因此，需要建筑厚重、严密、遮蔽身体。建筑既成了神保佑人的见证，又成了人崇拜神的场所，这就需要建筑宽敞宏大。此外，建筑中往往还有高大的神像雕塑，以便于人们去供奉与崇拜。

由于中国文化重视敬祖先，故中国建筑以对祖先、君王、族长的崇拜与服从来取代对神灵的信奉。祖先、君王、族长秉承天意，但他们的威力仍可影响人世，他们的功德会泽及后辈，因而他们需要人们去祭祀与供奉，这就形成了相关的礼制。礼制虽然重要，但"礼不下庶人"。[①]因而礼并不需要群众性的仪式，百姓可以在居室中立牌位，也可以进行祭祀。这说明祭祀与供奉可以通过人的居所来实现。

在祭祖中，人并非去祈求祖先永生，而是祈求祖先的功德保佑后辈的平安，后辈以忠孝来继续发扬先辈的业绩。因为祭祀活动是在人的居所中进行的，所以不论宫殿、民居都要求明敞舒适，通过建筑来营造一个空间，既可适宜人居，又可适宜祭祖。中国

---

① 《礼记·曲礼上》。

137

中西建筑艺术的比较

建

筑

6

封建社会体制延续了数千年，一个重要的原因就是宗法制度维系的"家国同构"关系。家庭是社会构成的细胞，也是国家组织的缩影。体现在建筑上，四合院作为中国人家居的典型，就像是皇城的缩影，而皇城就像是四合院的放大，它们既满足了人居的功能需求，又适应了尊卑、长幼、男女的种种等级区别。

2. 尚优美与尚崇高

中国建筑由于大都属于人居，从人居方便出发，注重建筑的水平展开，更多的是表现出优美。它不像西方建筑那样崇尚高大实体，而是有虚有实，轮廓柔和，曲线丰富，在隐重中呈现出一定的变化。西方由于强调对神的崇拜，以神庙建筑为其代表，对建筑的高耸较为注重，以体现神的威严，建筑立面尽量向高空发展，往往表现出崇高。

西方哥特式教堂，腾空耸立，显得十分高大，打破了人们心理上的平衡与稳定感，把人引向崇高而神秘的境界。古埃及人崇拜太阳，他们建造的方尖碑直刺云霄，一般认为是象征了太阳的光芒。他们建造的金字塔，虽说不是崇拜神而是崇拜法老，然而法老在人们的眼中则是神的代表，因而金字塔也以体量高大著称于世，胡夫金字塔高达146米，高耸在茫茫的沙漠之上。（参见第八章图43）无独有偶，美洲玛雅人也建有大量金字塔，早期的金字塔高达30余米，后期如太阳金字塔高达66米，连其柱型石碑也具宗教意味。

中国古代曾有过高台建筑，带有某种壮美色彩。汉魏以降，从印度传入的佛塔建筑也较高耸，含有对佛陀崇拜的意味。但是，就总体而言，中国绝大部分建筑均以水平展开为其布局特点，无论宫殿建筑、民居建筑，还是寺观建筑、园林建筑，都无不如此。白居易以这样的诗句描绘唐代长安城的平面布局："百千家似围棋局，十二街如种菜畦。"中国的园林建筑更是追求精美的平面布局的典范。它以顺其自然、布局灵活、变化巧妙的造景手法，在布局上采取不规则的平面、空间疏密相间而景色连绵不断，所谓"步步移，面面观"，"咫尺之内，气象万千"者也。（参见第七章图35、图36）。

3. 重现世与重永恒

中国建筑注重现世，而西方建筑更注重永恒。西方建筑以"神"为中心，以神庙为代表，神是永恒的，神的居所也应该是永恒的，西方建筑发展了不朽的石结构。中国建筑以"人"为中心，人是难以超过百年的短暂的有限存在物，人的居所也便无需追求永恒，在中国木构建筑得以发展就很自然了。西方建筑多为后代长远考虑，也为自己在历史上永恒地留下赫赫大名；中国建筑较少为子孙后代考虑，注重的是现世的居住。

古代埃及金字塔可说是永恒的象征。最大的胡夫金字塔始建于4600年前，10多万奴隶和工匠建了20多年。始建于3400年前的卡纳克神庙，其巨型列柱厅系400年以后所增建，它的最后一座塔门1700年后才修建完成。古希腊宙斯神庙建了300多年，古罗马圣彼得大教堂用了120年建成。仅建筑过程尚且如此耗时久远，它们的"永恒"性便可想而知了。

按照中国人的观念，人的住宅与建筑只要能满足自身一代使用的年限就够了，何必要求后代住在前人的住宅里呢？更何况后代人对前代人的住宅与建筑是否满意，尚难得知。既然如此，对于一般性建筑，还不如让后代按照他们自己的喜好营造与安排，才是比较现实的态度。中国人对生活抱着一种务实的态度，并不想为后代操办一切。当然，对一些纪念性建筑（如华表）、宗教性建筑（如石窟）、陵寝建筑（如皇陵）、城堞建筑（如长城）等，还是要做长远打算，但这只是中国建筑的一小部分，对它们另当别论。

4."天人合一"与天人对立

中国人崇尚"天人合一"，在自然与人的关系上注重二者的融合，强调的是顺其自然。西方人受神权、皇权、人权等观念的支配，在自然与人的关系上注重二者的冲突、对立，强调的是人为，讲究对自然的改造与征服。

中国建筑与自然的和谐关系，对建筑布局和形象特征的影响是十分明显的。中国传统建筑以内收的凹线依附大地，横向铺开的形象特征表达出与自然相适应、相协调的艺术观念。房屋的设

计也尽量体现与自然相通的思想。由于木结构框架系统的优点，使墙不受上部结构的压力，可以任意开窗，常常在通向庭院的一边，遍开一排落地长窗，一旦打开，室内外空间便完全贯通在一起。在传统庭院中，主要建筑多用走廊相绕，实际上走廊是室内空间与室外自然空间的一个过渡，是中国建筑与自然保持和谐的一个中介和桥梁。

中国古建筑十分重视建筑、人、环境三者的关系。建筑既要适合人居住，又要与其周围的环境相协调，还要富于自然情趣。如中国古典园林就非常重视周围的环境，讲究因地制宜、依形就势，叠石为山，引水为池，种花植木，修桥建亭，将大自然的美丽风光营造在自己的居住环境中，使园林富于诗情画意，具有一种山水画般的风采。人们既可以在园中居住，也可以在园中游览，通过引景、点景、借景、藏景等方法，造园赏景，其乐融融。人们或穿林越涧，或临池俯瞰，或登山远眺，使人在居住和游览中深深感到与自然亲近与融合。（参见第七章图35、图36）

从传统文化背景看，由于中国人受"天人合一"思想影响，十分看重自然规律，包括新陈代谢的规律。不求永恒长久，只求当世拥有；万物可生可灭，建筑亦不例外。尽管建筑常遭毁灭，但人们并不觉惊奇，修缮也罢，重建也罢，都能平静地接受。修缮一新乃至重建也许恰好是建筑的新陈代谢过程。"风水"也是中国建筑文化的重要传统观念，它对建筑的选址、方位、布局等起着非常重要的作用。它的积极作用在于使人崇尚自然，使人、建筑物与自然相融合，形成别具一格的中国建筑艺术。当然应当注意剔除其迷信、保守等消极因素。

在西方文化中，人与自然相抗衡、对立的心态十分突出。为了表示出永恒的意念和与自然相抗衡的力度，西方古典建筑非常强调建筑的个性。每座建筑物都是一个独立封闭的个体，常常有着巨大的体量和尺度，它已远远超出了实际的使用需要，而纯粹是为了表现一种理念。

西方建筑重视人为，强调人与自然的对立。即便巴洛克与洛可可式中有一些自然花纹，也不过是用自然来装点人工之作而已。

西方的园林讲究人工修饰，几何图形式的布局，对称的轴线，整齐的树木排列，喷泉、花园、建筑等，一切都显出是人力所为，与中国园林亲近自然形成鲜明对照。（参见第八章图51）。

在造型上，西方建筑更体现出与自然相对抗的态度。在外轮廓的处理中，有意强调建筑的几何体量，特别是那些常见的巨大穹隆顶，更是赋予一种向上与向四周扩张的气势；那些纯粹几何形的造型元素，与自然山水林泉等柔曲的轮廓线，呈现出对比与反衬的趋向；那些坐落于郊野或河边的建筑，往往形成一种以自然为背景的孑然孤立的空间氛围。

5.守成与变革

"守成"可说是中国传统建筑的显著特征。中国传统建筑与古老的中华文化大体上是同步发展的，有着悠久的历史和稳定的系统。中国建筑艺术的稳定性与西方建筑艺术的多变性风格迥异，形成了鲜明的对比。在中国，"祖宗之法不可变"，自古就是人们的行为准则。所以，在中国建筑史上就不可能像西方那样，经常发生风格的变化和技术手段的更新。

梁柱组合的木构框架从上古一直沿用到近代，这是中国建筑艺术系统稳定与守成的最有说服力的例证之一。其实，对于木材的易腐烂、不坚固，又容易引起火灾等弊病，古人早有认识；而且随着工具的改进，中国古代的石结构建筑艺术，也并不亚于同期的西方国家。但是，中国建筑传统习惯使用木材，这种传统与阴阳五行的观念是有密切联系的，而这种观念又是根深蒂固、难以随便更改的。到了明清时期，由于长期采伐使中原地区的森林资源消耗殆尽；在这种情况下，先人宁可将小料用铁箍拼合，也不屑以石代木，充分体现出对木材的过分偏好和对传统的严格恪守。

"变革"确切地描绘出西方建筑艺术发展的轨迹。建筑形式的变化常常随着社会状况的改变、宗教派系的归属和统治者的更迭而大起大落，因而建筑风格的演变比较精确地记录了历史的脚步。"变革"一直是西方建筑艺术的主调。

中西建筑艺术的比较

建筑

6

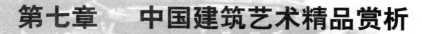

第七章　中国建筑艺术精品赏析

ZHONGGUO JIANZHU YISHU JINGPIN SHANGXI

　　建筑艺术是一种"实体"艺术，是空间与形体交织融合的艺术，因此形象最为动人，精品更有价值。为了有助于深入领悟本书之主旨，本章和第八章特选取中外古今建筑艺术精品，给以解读，加以赏析，以飨读者。

　　由于人类建筑成果浩如烟海，限于本书篇幅，只能择其最具有代表性、最具特色的作品之一、二，图文相配，编入书中。本章先对中国建筑艺术若干精品进行赏析。其中包括长城、晋祠、布达拉宫、应县木塔、故宫、天坛、拙政园、颐和园、中山陵、清华大学图书馆新馆、北京外国语教学研究出版社办公楼等。

一、万里长城

万里长城是中华民族的象征和骄傲，也是世界上最宏伟的古代军事防御工程。始建于战国时期，直到明代。八达岭长城是明代长城的精华，是明代长城最杰出的代表地段，其地位之显要，名声之远大，景色之壮观，是其他任何地段的长城所不能替代的。〔图29〕

图29　八达岭长城

长城的主体工程是绵延万里的高大城墙，大都建在山岭最高处，沿着山脊把蜿蜒曲折的山势勾画出清晰的轮廓，塑造出奔腾飞跃、气势磅礴的巨龙，从而成为中华民族的象征。在万里城墙上，分布着百座雄关、隘口，成千上万座敌楼、烽火台，打破了城墙的单调感，使高低起伏的地形更显得雄奇险峻，充满巨大的艺术魅力。

在各地的长城景观中，北京八达岭长城建筑得特别坚固，保存也最完好，是观赏长城的最好地方。此外还有金山岭长城、慕田峪长城、司马台长城、古北口长城等。天津黄崖关、河北山海关、甘肃嘉峪关也都是著名的长城游览胜地。

根据历史记载，自战国以来，有20多个诸侯国和封建王朝修筑过长城。最早是楚国，为防御北方游牧民族或敌军，开始营建长城，随后，齐、燕、魏、赵、秦等国基于相同的目的也开始修筑自己的长城。秦统一六国后，秦始皇派著名大将蒙恬北伐匈奴，把各国长城连起来，西起临洮，东至辽东，绵延万余里，遂称万里长城，这就是"万里长城"名字的由来。但今天我们所见到的主要是明长城。

1987年12月长城被列入《世界遗产名录》。

万里长城在唐山境内蜿蜒200多公里，有名的关隘29处，气势雄伟，巅连起伏，奔腾浩荡，荟萃了明代万里长城的精华。遵化鹫峰山长城、迁西潘家口水下长城、迁安大理石长城以及青山关、喜峰口、冷口关、七十二券楼、长城砖窑、养马圈等皆为长城绝秀。

长城有极高的旅游观光价值和历史文化意义。现在经过精心开发修复，山海关、居庸关、八达岭、司马台、慕田峪、嘉峪关等处已成为驰名中外的旅游景点。登高远眺，凭古怀幽，古战场的金戈铁马似乎就在眼前。如今，长城与埃及的金字塔、罗马的斗兽场、意大利的比萨斜塔等同被誉为世界七大奇迹，它是中华民族伟大力量、杰出智慧的结晶和古老文化的丰碑，它象征着中华民族血脉相承的民族精神。

二、太原晋祠

位于太原市区西南25公里处的悬瓮山麓，坐落着著名的晋祠。晋祠始建于北魏，是后人为纪念周武王次子姬虞而建的。现为全国重点文物保护单位之一。姬虞封于唐，称唐叔虞。虞子燮继父位，因临晋水，改国号为晋，因此，后人习称晋祠。北魏以后，北齐、隋、唐、宋、元、明、清各代都曾对晋祠重修扩建。〔图30〕

晋祠是具几十座古建筑的中国古典园林游览胜地。环境幽雅舒适，风景优美秀丽，素以雄伟的建筑群、高超的塑像艺术闻名于世。游晋祠，可按中、北、南三部分进行。中，即中轴线，从大门入，自水镜台起，经会仙桥、金人台、对越坊、献殿、钟鼓楼、鱼沼飞梁到圣母殿。这是晋祠的主体，建筑结构严谨，具有极高的艺术价值。北部从文昌宫起，有东岳祠、关帝庙、三清祠、唐叔祠、朝阳洞、待风轩、三台阁、读书台和吕祖阁。这一组建筑物大部随地势自然错综排列，以崇楼高阁取胜。南部从胜瀛楼

中国建筑艺术精品赏析

筑建7

图 30　山西太原晋祠

起，有白鹤亭、三圣祠、真趣亭、难老泉亭、水母楼和公输子祠。这一组楼台对峙，泉流潺绕，颇具江南园林风韵。此外最南部还有十方奉圣禅寺，相传原为唐代开国大将尉迟恭的别墅。祠北浮屠院内有舍利生生塔一座，初建于隋开皇年间，宋代重修，清代乾隆年间重建，为七级八角形，高30余米，每层四面有门，饰以琉璃勾栏。登塔远眺，晋祠全景历历在目。

晋祠最著名的建筑为圣母殿，创建于宋代天圣年间（公元1023—032年）。圣母传为姬虞之母邑姜。圣母殿原名"女郎祠"，殿堂宽大疏朗，存有宋代精美彩塑侍女像43尊(含后补塑2尊)，这些彩塑中，邑姜居中而坐，神态庄严，雍容华贵，凤冠霞帔，是一尊宫廷统治者形象。塑像形象逼真，造型生动，情态各异，是研究宋代雕塑和服饰艺术的珍贵资料。鱼沼飞梁，建于宋代，呈十字桥形，如大鹏展翅，位于圣母殿前，形状典雅大方，造型独特，是国内现存古桥梁中仅有的一例。金人台四尊铁人姿态英武，因铁为五金之属，人称之为"金人台"。西南隅的那尊铁人，铸于北宋绍圣四年（公元1097年），已有900多年的历史，不但保存完整，而且神态威武，英姿勃勃，气概不凡，盔明甲亮，闪闪泛光，颇为独特。据说，一年夏天气候特别炎热，身披铁甲的西南隅的铁人忍受不了这难熬的痛苦，独自走到汾河边，只见汾河滔滔而流，怎么过河呢，铁人犯了愁。正在着急，忽见从上游不远沿岸边驶下一条小船。铁人赶忙上前招呼，要求船家把他渡到对岸。船家沉吟一阵，方才慢腾腾地说："渡你一人，人太少，可再稍候一时，再等等有无旁人。"铁人一焦急，赶忙说道："你能渡过我一个，就算你有能耐啦"。船家看了看铁人说："你能有多重，一只船不止装一人，除非你是铁铸的。"话一落音，一语道破了铁人的本相。瞬间，铁人立在汾河边，纹丝不动，怎么这人不说话了？船家抬眼一看，面前立着一位铁人。多眼熟啊，嗬，可不是嘛，是晋祠的铁人。船家不敢怠慢，赶忙找了一些乡亲，把铁人抬回金人台。圣母勒令手下将领，把铁人的脚趾上连砍三刀，表示对铁人不服从戒律的惩罚。今日的铁人，脚上还留着连砍三刀的印痕。

　　唐碑亭，即"贞观宝翰"亭。亭内陈列唐太宗李世民手书碑刻"晋祠之铭并序"。　全碑1200多字，书法行草，骨骼雄健，笔力奇逸含蓄，有王羲之的书法神韵，是书法艺术的珍品。圣母殿右侧，是千年古树"卧龙周柏"。难老泉，俗称"南海眼"，出自断岩层，终年涌水，生生不息，北齐时有人据《诗经鲁颂》中"永锡难老"之句起名"难老泉"。周柏、难老泉、侍女像誉称"晋祠三绝"。

　　晋祠南部有奉圣寺，相传这里曾是唐朝大将尉迟恭的别墅。奉圣寺北，有舍利塔，塔高38米，七级八角形。在奉圣寺附近，有巨槐一株，干老枝嫩，苍郁古朴，独具一格。

三、布达拉宫

　　举世闻名的布达拉宫，位于拉萨市西北的玛布日山（红山），是我国著名的宫堡式建筑群，藏族古建筑艺术的精华。布达拉宫以其辉煌的雄姿和藏传佛教圣地的地位，成为世所公认的藏民族

中国建筑艺术精品赏析

建

筑

7

的象征。

"布达拉"梵语意为佛教圣地"普陀"的音译，原指观世音菩萨所居之岛。布达拉宫始建于吐蕃王朝第32代赞普松赞干布时期（公元7世纪）。松赞干布与唐联姻，为迎娶文成公主，在此首建宫室，当时称"红山宫"，后来随着吐蕃王朝的没落而逐渐毁弃。公元17世纪时，五世达赖喇嘛在红山宫的旧址上重新修建了宏伟的宫殿，称"布达拉宫"。此后这里一直作为西藏政治和宗教的中心。〔图31〕

图31　西藏布达拉宫

布达拉宫海拔3700多米，占地总面积36万余平方米，建筑总面积13万余平方米，主楼高117米，共13层，全部为石木结构。其中宫殿、灵塔殿、佛殿、经堂、僧舍、庭院等一应俱全，是当今世界上海拔最高、规模最大的宫殿式建筑群。

布达拉宫分为两大部分：红宫和白宫。居中央的是红宫，主要用于宗教事务；两翼刷白粉的是白宫，是达赖喇嘛生活起居和政治活动的场所。

布达拉宫外观13层，内部9层。宫内有宫殿、佛堂、习经堂、寝宫、灵塔殿，庭院等。红宫是供奉佛神和举行宗教仪式的地方。红宫内安放前世达赖遗体的灵塔，塔身以金皮包裹，宝玉镶嵌，金碧辉煌。在这些灵塔中，以五世达赖的灵塔最为壮观。这是一座修建在大殿里上下贯通3层楼的大金塔，从上到下全部用黄金包镶，外镶无数宝石。在红宫内还保存有大量珍贵文物，以及各类佛像、唐卡、法器、供器等。在红宫两侧的殿堂称为白宫，是达赖处理政务和生活起居的地方。这些殿堂建筑和陈设精美华丽，达赖寝宫最为突出，茶几上金壶玉碗玲珑精致，锦缎刺绣的被褥光彩夺目。

布达拉宫有一个特点，就是在每一座殿堂的四壁和走廊里，几乎都绘有壁画。其中有丰富多彩的神话传说，也有许多珍贵的历史资料。壁画还生动地记载了文成公主与松赞干布成婚的故事；记载了五世达赖和十三世达赖先后到北京朝见清顺治皇帝和光绪皇帝的情景。

从东部山脚沿着之字形的石阶拾级而上至彭措多大门，经幽暗弯曲的走廊，即进入宽阔的东平台——德阳厦，每逢喜庆节日，总要在此举行跳神和歌舞表演。由东平台扶梯直上即为去各殿的松格廊廊道，廊道内雕梁画栋，满布壁画。

红宫内环绕正殿共有八大祭堂，每一祭堂各有一座灵塔，其中以五世和十三世达赖喇嘛的灵塔最为奢华。塔身全部用金皮包镶，通体饰以珠宝玉石镶嵌的各种图案。 从灵塔穿过一小门便进入西大殿，它是红宫内最大的一座殿堂——五世达赖喇嘛的享堂，一些重大的佛事活动均在此举行。宫内珍藏大量佛像、壁画、藏经册印、古玩珠宝，具有极高的学术和艺术价值。

四、应县木塔

应县木塔是驰名世界的文物古迹，被认为是世界建筑史上的奇观。它是我国现存最古最高的一座木构塔式建筑，在全世界亦

属孤例。建于辽清宁二年（1056年），高67.3米，比西安大雁塔还高3.3米，全塔共分五层六檐，如果加上暗层，也可以说是九层。整个塔身粗犷中见玲珑，古朴中见典雅。木塔第一层南门，横匾上刻有"万古观瞻"四个大字。元英宗硕德八剌去五台山路经应州时曾登此塔，明成祖朱棣亲笔题"竣极神工"，明武宗朱厚照登临宴赏时题

图32　山西应县木塔

"天下奇观"，两匾分别挂在三四层南面。〔图32〕

　　近千年来，木塔经历了七次大地震的考验。据史书记载，在木塔落成280年后，当地曾发生过六点五级大地震，余震连续七天，塔旁房屋全部倾倒，而木塔巍然屹立。近年来，邢台、唐山地震都波及应县，木塔整体摇动，风铃全部震响，持续约一分钟，但是，木塔却没有受到影响。

　　据分析，应县木塔抗震力强的原因首先是采用多层框架，近似现代建筑的圈梁，是一种很有效的加固防震手段。其次木材是柔性材料，在外力作用下不容易变形，但在一定程度上又有恢复

原状的能力，同时构架中所有节点是卯榫结合，具有一定的柔性。再次是四个暗层加强了塔的整体性。每组斗拱似弹性节点，受外力后减轻冲撞力，具有很好的抗震性能。

据说，古代应县的土地上覆盖着大量林木，为造塔提供了良好的条件，光建木塔就用去木料七千余立方米。明人有"题应州塔"，诗曰："玲珑峻碧倚苍穹，海宇浮屠第一工。百亩殿基璇地轴，六层铃舌弄春风。观瞻独出沙陀外，登赏番徒殿腹中。几欲壮怀发豪兴，借为文笔写长空。"

应县木塔，充分反映了我国古代匠师们在结构组成、力学平衡及抗震等方面所创造的伟大成就。

五、故宫

故宫，又称紫禁城，是明清两代的皇宫，为我国现存最大最完整的古建筑群。无与伦比的古代建筑杰作紫禁城占地72万多平方米，共有宫室9000多间，都是木结构、黄琉璃瓦顶、青白石底座，饰以金碧辉煌的彩画。这些宫殿沿着一条南北向中轴线排列，并向两旁展开，南北取直，左右对称。这条中轴线不仅贯穿在紫禁城内，而且南达永定门，北到鼓楼、钟楼，贯穿了整个城市，气魄宏伟，规划严整，极为壮观。建筑学家们认为故宫的设计与建筑，实在是一个无与伦比的杰作，它的平面布局，立体效果，以及形式上的雄伟、堂皇、庄严、和谐，都可以说是世上罕见的。〔图33〕

故宫规模宏大，东西宽为753米，南北长达961米，总占地面积达72万平方米。全部建筑由大小数十座院落组成，建筑面积约为16万平方米，有大小宫室9999间半。宫殿四周围有高约10米、长约3.5公里紫红色宫墙。宫墙四面都建有高大的城门，南为午门即故宫正门，北为神武门，东为东华门，西为西华门。城墙四隅各矗立着一座风格独特、造型绮丽的角楼。宫墙外围环绕着一条宽为52米的护城河，使北京故宫成为一座壁垒森严的城堡。

里面最吸引人的建筑是三座大殿：太和殿、中和殿和保和殿。

中国建筑艺术精品赏析

建筑7

图 33　北京故宫（俯瞰）

它们都建在汉白玉砌成的 8 米高的台基上，远望犹如神话中的琼宫仙阙。第一座大殿太和殿是最富丽堂皇的建筑，俗称"金銮殿"，是皇帝举行大典的地方，殿高 28 米，东西 63 米，南北 35 米，有直径达 1 米的大柱 92 根，其中 6 根围绕御座的是沥粉金漆的蟠龙柱。御座设在殿内高 2 米的台上，前有造型美观的仙鹤、炉、鼎，后面有精雕细刻的围屏。整个大殿装饰得金碧辉煌，庄严绚丽。中和殿是皇帝去太和殿举行大典前

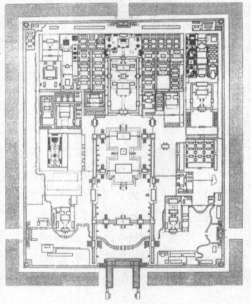

图 33　北京故宫（平面）

稍事休息和演习礼仪的地方。保和殿是每年除夕皇帝赐宴外藩王公的场所。

故宫建筑的后半部叫内廷，以乾清宫、交泰殿、坤宁宫为中心，东西两翼有东六宫和西六宫，是皇帝平日办事和他的后妃居住生活的地方。后半部在建筑风格上不同于前半部。前半部建筑形象是严肃、庄严、壮丽、雄伟，以象征皇帝的至高无上。后半部内廷则富有生活气息，建筑多是自成院落，有花园、书斋、馆榭、山石等。在坤宁宫北面的是御花园。御花园里有高耸的松柏、珍贵的花木、山石和亭阁。名为万春亭和千秋亭的两座亭子，可以说是目前保存的古亭中最华丽的了。

故宫规制宏伟，布局严整，建筑精美，富丽华贵，收藏有许多的稀世文物，是我国古代建筑、文化、艺术的精华，也是我国现存最大、最完整的古建筑群。故宫规划严整，气魄宏伟，极为壮观，无论在平面布局，立体效果以及形式上的雄伟、堂皇、庄严、和谐，都属无与伦比的杰作。它标志着我国悠久的文化传统，显示着将近600年前我国在建筑艺术上的卓越成就。

六、天坛

坛庙建筑亦可称为"礼制建筑"，是中国古代建筑中一个重要组成部分。中国古代社会除以"礼"来制约各种建筑的形制以外，同时还有一系列由"礼"的要求而产生的建筑，帝王、官吏和民间祭祀天地、日月、名人、祖先的庙、坛、祠均属于这类礼制建筑。由于祭祀活动在古代社会生活中占有重要地位，因而坛庙建筑亦反映了中国古代建筑技术和艺术的高度成就。

天坛〔图34〕是明、清皇帝祭天、祈丰收的地方，是当今世界上最大的祭天建筑群，是明清两代帝王祭天祈谷之处。原是明、清王朝帝王祭天祈祷的坛庙，为我国现存规模最大的古代帝王祭祀性建筑群。全坛占地广达270万平方米。始建于明永乐十八年（1420年），位于崇文区正阳门外，永定门大街路东。明初创建时名天地坛，嘉庆十三年改名天坛，清乾隆、光绪时都曾重修改建。

天坛是圜丘、祈谷的总称，主要建筑在内坛的南北中轴线上，

图 34　北京天坛

圆丘坛在南，祭天；祈谷坛在北，祈谷。中间有墙相隔，两坛之间有桥相连。天坛不仅具有独特的艺术风格，而且有些建筑还巧妙地运用了力学、声学、几何学原理，因此具有重要的科研价值。祈年殿是高达 38 米的三重檐圆形大殿，内中外三层殿柱分别代表四季、12 个月和 12 个时辰。殿院前神道南端的圆丘坛为当年帝王祭天处，附近的皇穹宇回音壁更为祭坛增添皇天对话的神秘气氛。解放后进行多次修缮和大面积绿化，使之更加壮丽。

天坛严谨的建筑布局，奇特的建筑结构，瑰丽的建筑装饰，被认为是我国现存的一组最精致、最美丽的古建筑群，在世界上也享有极高的声誉。美国奥兰多庞大的"迪斯尼世界"，有一个中国馆，就仿造了一座祈年殿（天坛中的建筑）作为标志，有垣墙两重，形成"天圆地方"的格局。天坛的总体设计，从它的建筑布局到每一个细部处理，都强调了"天"。它那300多米长的高出地面的甬道，人们登临其上，环顾四周，首先看到的是广阔的天空和那象征天的祈年殿，一种与天接近的感觉就油然而生。这条甬道又叫海漫大道，这是因为古人认为到天坛去拜天等于上天，而由人间到天上去的路途非常遥远、漫长。

现天坛公园占地200公顷，是北京一处既古老又年轻的旅游景点。天坛已被联合国教科文组织列入《世界遗产名录》。

七、拙政园

拙政园始建于明正德四年（1509），为明代弘治进士、御史王献臣弃官回乡后，在唐代陆龟蒙宅地和元代大弘寺旧址处拓建而成。取晋代文学家潘岳《闲居赋》中"筑室种树，逍遥自得……灌园鬻蔬，以供朝夕之膳，……此亦拙者之为政也"句意，将此园命名为拙政园。王献臣在建园之前，曾请吴门画派的代表人物文征明为其设计蓝图，形成以水为主，疏朗平淡，近乎自然风景的园林。王献臣死后，其子一夜豪赌，将园输给徐氏，徐氏子孙后亦衰落。明崇祯四年（1631）园东部归侍郎王心一，名"归田园居"。

园中部和西部，主人更换频繁，乾隆初，中部复园归太守蒋棨所有。咸丰十年（1860）太平军进驻苏州，拙政园为忠王府，相传忠王李秀成以中部见山楼为其治事之所。光绪三年（1877）西部归富商张履谦，名"补园"。新中国成立后，在党和政府的关心下，进行抢修，一代名园得到了保护，并于1952年正式对外开放中、西部部分，1960年东部整修完毕，东、西、中三部分完整开放。1961年3月4日列入首批全国重点文物保护单位。1997年12月4日，被联合国教科文组织列入世界文化遗产名录。

拙政园位于苏州市东北街178号，占地面积52000平方米，全园分东、中、西、住宅四部分。住宅是典型的苏州民居，现布置为园林博物馆展厅。东部明快开朗，以平岗远山、松林草坪、竹坞曲水为主。主要景点有：兰雪堂、缀云峰、芙蓉榭、天泉亭、秫香馆等。中部为拙政园精华所在，池水面积占1/3，以水为主，池广树茂，景色自然，临水布置了形体不一、高低错落的建筑，主

中国建筑艺术精品赏析

建筑7

图35 苏州拙政园之小飞虹

图36 苏州拙政园之水廊

次分明。主要景点有：远香堂、香洲、荷风四面亭、见山楼、小飞虹〔图３５〕、枇杷园等。西部主体建筑为靠近住宅一侧的卅六鸳鸯馆，水池呈曲尺形，其特点为台馆分峙、回廊起伏，水波倒影，别有情趣，装饰华丽精美。主要景点有：卅六鸳鸯馆、倒影楼、与谁同坐轩、水廊等。〔图３６〕

八、颐和园

颐和园，集历代皇家园林之大成，荟萃南北私家园林之精华，是中国现存最完整，规模最大的皇家园林。

历史悠久的中国园林，具有与欧洲古代园林不同的独特体系，无论是帝王营造的皇家园林，还是官宦豪富兴建的私家园林，都刻意追求自然美和艺术美为一体。颐和园博采各地造园手法，既有北方山川的雄浑宏阔，又有江南水乡的清丽婉约，并蓄帝王宫室的富丽堂皇和民间宅居的精巧别致，成为中国最著名的古典园林。颐和园位于北京西北郊，园内分宫廷区，万寿山和昆明湖三

图３７　北京颐和园之万寿山

大部分，占地约290公顷。〔图37〕

进东宫门前行，便是以仁寿殿为中心的宫廷区。仁寿殿，曾名勤政殿，是皇帝处理政务的地方，门两旁有两块青石分别象征着孙悟空和猪八戒伫立警卫。殿中平床上设宝座、屏风、掌扇、鼎炉、鹤灯等，屏风上有九条巨龙，226个不同写法的"寿"字。然而，在宫廷区的玉澜堂，却记载着一段皇权失落的凄凉历史。光绪皇后住在玉澜堂后的宜芸馆，宜芸馆西北的乐寿堂，则是实际统治者慈禧太后的处所。据说，慈禧太后起居于斯，每天饭费就要花掉白银60两。在仁寿殿北面不远处是德和园，是清代所建三大戏台中最大的一个（另处有故宫的畅音阁和承德避暑山庄的清音阁），每年慈禧做寿，都有吉祥戏目演出。从乐寿堂往西过邀月门，有一条728米的长廊，这条中国园林建筑中最长的游廊，沿昆明湖北岸向西伸展，如一条锦带将远山近水和园内各种建筑有机地联系在一起。长廊上8000多幅彩色绘画，构成一条五光十色的画廊，洋溢着浓重的民族文化气息。

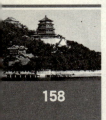

出长廊，进排云门，面前就是紧依万寿山的排云殿。沿殿两边斜线上行，穿德辉殿，登114级台阶，就到了万寿山上的佛香阁。这座八面三层四生檐的佛香阁建在58米高的山坡上，内供接引佛，当年每月朔望，慈禧便在此烧香礼佛。佛香阁是颐和园的标志，也是中国古代建筑杰出的代表。

从佛香阁下望，东侧有转轮藏，西侧有宝云阁，又名铜亭。铜亭的铸造用铜207吨，通体呈蟹青冷古铜色，造型精美，是世界上少有的珍品。佛香阁往上是颐和园的制高建筑智慧海，俗称"无梁殿"，内部结构以纵横交错的拱券支撑顶部，不用柱梁承重，堪称一绝。

万寿山以南，是碧波荡漾的昆明湖，西部是仿杭州苏堤而建的西堤，将湖面分为东西两半，西堤有六座桥梁，以玉带桥最为有名，远远望去，如玉带轻飘。据说，乾隆皇帝、慈禧太后都爱游西堤。慈禧曾在这里化装成渔婆，命太监李莲英扮成渔公，二人合影留念。与西堤相接的东堤是一道石造长堤，中段有仿卢沟桥而建的十七孔桥〔图38〕，望柱上有神态各异的石狮564只。昆

图38　北京颐和园之十七孔桥

明湖烟波浩渺，气象万千，三座大岛、十七孔桥等与万寿山遥相呼应。

　　颐和园三大景区，既有湖光山色，又有庭园美景；各式宫殿、寺庙和园林建筑3000余间，不同特点的建筑群落自成一格又相互联系。它巧妙地借西部玉泉山作为它的大背景，把人工建筑与自然风光和谐地融汇在一起，从而成为中国园林艺术的典范。

　　作为清代政治活动的重要场所，颐和园记录了宫廷生活的许多史实，反映出清王朝由盛到衰的历史侧面。万寿山古称瓮山，山下之湖名瓮山泊，明代被喻为杭州西湖，称为"西湖景"，引来不少文人墨客的登临，留下许多优美诗篇。由于这里山清水秀，每至盛夏，十里荷花，香气袭人，这样的佳景不久就被封建皇帝看中而营造御苑。清代在此造园最为集中，最著名的"三山五园"（万寿山清漪园、玉泉山静明园、香山静宜园、畅春园、圆明园）完成于彼。其中的清漪园，即颐和园的前身，乾隆十五年（1750年）为筹备庆贺太后60寿辰的名义，乾隆帝大兴土木修建清漪园，瓮山改名万寿山，瓮山泊改名昆明湖。1860年第二次鸦片战争的战火把"三山五园"皆化为焦土，所有珍宝也被洗劫一空。慈禧

中国建筑艺术精品赏析

筑

建

7

垂帘听政后对清漪园进行复建，并改名为颐和园。

颐和园造景百余处，虽然寓意繁丰，但突出地体现着皇权与神权的至高无上，无一处不是悠久历史的深厚积淀，无一处不渗透着民族文化的丰厚蕴涵。

这座历史上为帝王建造的古典园林，自对外开放以来，每年接待中外游客达数百万人，现已成为中国最著名的旅游参观热点之一。1998年，颐和园被联合国教科文组织正式列入《世界遗产名录》。

九、中山陵

中山陵是伟大的民主革命先行者孙中山(1866—1925年)的陵寝，坐落在江苏省南京市东郊钟山第二峰茅山南麓，陵园总面积达3000多公顷。1925年3月12日孙中山逝世于北京，遗体暂厝西郊香山碧云寺石塔内。陵墓于1926年1月兴建，1929年春落成，同年6月1日，将孙中山灵柩迎回南京入葬。1961年中华人民共和国国务院将其公布为全国重点文物保护单位。

图39　南京中山陵

中山陵〔图39〕平面布局呈铎形，含有"木铎警世"之意。陵墓建筑以古代传统形式为主，由著名建筑师吕彦直设计施工。陵坐北朝南，依山建造，从牌坊前的平台至墓室，水平距离约700米，上下高差70余米。建筑面积8万余平方米。主要建筑依次有牌坊、墓道、陵门、碑亭、祭堂和墓室等，还有当时各界人士和海外侨胞集资兴建的纪念建筑分布在陵墓四周，如音乐台、行健亭、革命历史图书馆、光华亭、仰止亭、流徽榭、藏经楼等。陵墓前面为广场，与陵园大道相接。广场南面设八角形三层石台，上置紫铜宝鼎一尊。广场北面为石阶和两层平台。正中是一座三间三楼式花岗石牌坊，顶盖蓝色琉璃瓦，正中石匾上刻孙中山手书"博爱"2字。墓道长约435米，宽约39米，分成3道，道旁植松柏和银杏。陵门通面阔约24米，高16米，花岗石砌造，重檐九脊上盖蓝色琉璃瓦。下部3个拱形门洞，正面石额上镌孙中山手书"天下为公"4字。

碑亭面阔约12米，高约17米，重檐歇山琉璃瓦顶。亭中立墓碑，高约8.1米，上刻"中华民国十八年六月一日中国国民党葬总理孙先生于此"。碑亭至祭堂的正道，全部用苏州金山石砌成，共有石阶290级，分8段，每段设一平台，最上3段两旁建石栏，石阶两侧植草坪和树木。

祭堂前面两侧立石华表一对。祭堂通面阔约27米，通进深约22.2米，高约25.8米，重檐九脊蓝色琉璃瓦顶，檐下有铜质椽子，正面上下檐之间，嵌孙中山手书"天地正气"4字直额。堂前有廊庑，正面3个石拱门，安装镂空紫铜扇门，门楣上分刻"民族"、"民权"、"民生"篆字。堂内大理石铺地，前后排列着青岛花岗石柱12根，顶部为"覆斗"形天花。四壁下部嵌黑色大理石，东西两边分刻孙中山手书遗著《建国大纲》全文。堂正中为孙中山石雕坐像，高约4.6米，像座四周刻有反映孙中山革命历程的浮雕6块。墓室位于祭堂之后，呈半球形，直径16.2米，高约9.9米，为钢筋混凝土结构，外表用香港大理石铺砌。内部券顶饰"马赛克"，四壁镶米色人造大理石。正中为圆形大理石圹，直径约3.9米，上围石栏。圹中央是长方形石墓穴，上置孙中山穿中山装的

大理石卧像。遗体安葬在卧像石座下5米处。墓室与祭堂通连处有2道门，内门楣上刻"孙中山先生之墓"7字，外门额上刻孙中山手书"浩气长存"4字。

中华人民共和国建立后，人民政府十分重视中山陵的保护和维修，50多年来，不断绿化整修，对墓道、台阶、铜鼎、祭堂以及藏经楼、碑廊等，均进行过大修。现设南京市中山陵园管理处，负责保护管理工作。

十、清华大学图书馆新馆

清华大学图书馆〔图40〕是我国近现代建筑史上一个重要的建筑实例。1919年由美国建筑师亨利·墨菲设计，面积2114平方米，为清华早期的"四大建筑"之一。1931年又由我国著名建筑前辈杨庭宝先生设计扩大至7700平方米。他的设计充分尊重原有建筑，尊重历史，使得这两期建筑浑然一体，天衣无缝，堪称国内建筑的经典之作。[图41]

由于教育事业的发展，新馆建设面积达到20,000平方米以上，约为旧馆的三倍，这是一个庞大的建筑体量，如何处理好与清华旧中心礼堂的主从关系，如何与旧馆和谐相处，是一个建筑艺术中的难题。

清华新图书馆的设计是成功的，为重大历史性建筑群如何新生、发展，作出了典范。首先，为解决好建筑群体的总体关系，新馆在布局的轴线关系上采取了对旧馆表现出从属、陪衬的关系。在建筑体量上为了能与旧馆协调，为衬托大礼堂的宏伟，新馆南立面体量均采取两层高度，而把四、五层的高体量的建筑，退后到西部和北部。在新馆建筑主要入口的处理上，也采取了深入、隐蔽的手法，使其不会抢夺人们对原有建筑主入口的注意力。

旧馆周边的原建筑的风格主要是红砖墙、坡屋顶、局部平顶墙，重点处使用半圆拱门窗以及其他简约的西方古典建筑细部，这些符号都在新馆得到了延续，同时在主要入口处采用了玻璃墙面与半圆砖拱的对比，恰当鲜明地反映出了时代精神，成为了新馆的标志性艺术手法。

图40　北京清华大学图书馆

图41　北京清华大学新图书馆

中国建筑艺术精品赏析

建筑

十一、北京外国语教学研究出版社办公楼

外研社办公楼是一座16，000多平方米规模的办公综合楼，该建筑位于北京西三环北路，北京外国语大学的校舍之中的一块方形地面上。建筑主立面面对三环路高架桥，环境有特点但又复杂。建筑师崔凯在面对这样一种环境条件下进行创作，实在是迎接一个巨大的挑战。经过建筑师的努力，一幢生气勃勃，新颖独特的"红房子"出现了，北京西三环上又多了一颗耀眼的明珠。该建筑荣获建设部优秀设计二等奖，成为受到业内人士普遍赞誉的好作品。〔图42〕

这座建筑在处理与城市环境的关系上，有着独到之处。该建筑在方形地上采取了45度切入的手法，使方形平面布局合理，而又取得生动灵活的契机。建筑南北平直，东侧空透，形成了强烈的光影变化，虚实变化，体块变化，既与其他建筑和谐相处融入城市建筑群，而又表现出了它的强烈个性。

建筑东部的空透，使从城市道路上的视阈能得到延伸，达到内外

图42　北京外语教学与研究出版社办公楼

交融的动态效果。由于建筑功能特点的内涵，建筑师着意在东立面进行了建筑立面的体块处理，类似书架似的跌落处理，简化了的中式花窗与西式圆拱并置，表达出了建筑的文化、意象和品位，加上里外错落，高低变化，使本只能平铺直叙的办公建筑，充满了激情与动感。

中国建筑艺术精品赏析

建筑

7

第八章　外国建筑艺术精品赏析

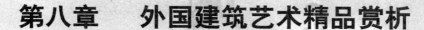

WAIGUO JIANZHU YISHU JINGPIN SHANGXI

　　在对中国建筑艺术的一些精品作了简要评析之后，本章将选择若干外国艺术精品进行鉴赏和分析。外国建筑艺术空间范围广及全球，时间历经数千年，其精品不胜枚举。这里仅选择十余件堪称典范之作，做些简要评析。它们是：埃及金字塔、雅典卫城、古罗马斗兽场、圣索非亚大教堂、印度泰姬陵、巴黎凡尔赛宫、流水别墅、朗香教堂、华盛顿艺术东馆、悉尼歌剧院、蓬皮杜艺术文化中心等。

一、埃及金字塔

金字塔在古代埃及文中是"分层的梯形"之意，于是又称做层级金字塔。这是一种底座四方形高大的角锥体建筑物，侧面都是三角形，像汉字的"金"字，我们叫它"金字塔"。

古埃及人特别重视建造陵墓，因为他们迷信人死之后，灵魂不灭，只要保护好尸体，3000年后就会在极乐世界里复活永生。有财有势人家的陵墓尤其考究。早在公元前4000年，除了宽大的地下墓室之外，还在地上用砖造了祭祀的厅堂，仿照上埃及住宅，像略有收分的长方形台子，在一端设入口。〔图43〕

图43　埃及金字塔

在埃及共计大约110座大小金字塔中，有些已成为废墟。最为著名的为吉萨大金字塔，这组金字塔，共有三座，分别为古埃及第四王朝的胡夫（第二代法老）、卡夫勒（第四代法老）和孟考勒（第六代法老）所建。埃及金字塔的神奇远远超过了人类的想象，是人类史上最大的谜。其中胡夫金字塔（奇阿普斯）又是埃及最大的金字塔。这座金字塔占地13.1英亩，由至少重2.5吨的近260万块巨石建造，共重625多万吨。是何人建造了如此宏伟的工程，一直众说纷纭。胡夫的金字塔，除了以其规模的巨大而令人惊叹以外，还以其高度的建筑技巧而著名。塔身的石块之间，没有任何水泥之类的黏着物，而是一块石头叠在另一块石头上面的。每块石头都磨得很平，至今已历时数千年，人们也很难用一把锋利的刀刃插入石块之间的缝隙，所以能历数千年而不倒，这不能不说是建筑史上的奇迹。另外，在大金字塔身的北侧离地面13米高处有一个用4块巨石砌成的三角形出入口。这个三角形用得很巧妙，因为如果不用三角形而用四边形，那么，146.5米高的金字塔本身的巨大压力将会把这个出入口压塌；而用三角形，就使那巨大的压力均匀地分散开了。在公元前4000多年前对力学原理有这样的理解和运用，能有这样的构造，确实是十分了不起的。

金字塔位于沙漠边缘高约30米的台地上，在广阔无垠的沙漠之前，只有金字塔这样高大、稳定、沉重、简洁的形象才站得住，才有纪念性，它们的方锥形也只有在这样的环境里才有表现力。金字塔的艺术构思反映着古埃及的自然和社会特色。这时古埃及人还保留着氏族制时代的原始拜物教，他们相信高山、大漠、长河都是神圣的。早期的皇帝崇拜利用了原始拜物教，皇帝被宣扬为自然神。于是，通过审美，就把高山、大漠、长河的形象的典型特征赋予皇权的纪念碑。在埃及的自然环境里，这些特征就是宏大、单纯。

法老虽然故去，仿佛仍然与那些建造者常相伴左右。尼罗河每年的泛滥，命运之轮不断转动，众生万物都不会真正消失。4500年来，胡夫金字塔的外围石块屡遭掠夺搬离，但大金字塔依旧挺立，这多少证明了建造者的信心：它是地球上仅存的永恒的事物之一，它的存在证明了建造者的信心，它的存在证明了人类的无穷智慧。

二、雅典卫城

公元前5世纪中叶，在希波战争中，希腊人以高昂的英雄主

图44 希腊雅典卫城

义精神战败了波斯的侵略。作为全希腊的盟主，为了巩固胜利成果，雅典进行了大规模的建设，建设的重点就在雅典卫城〔图44〕。在这种情况下，雅典卫城达到了古希腊圣地建筑群、庙宇、柱式和雕刻艺术的最高水平。雅典卫城在公元前5世纪雅典奴隶制民主政治时期改建为宗教活动中心。卫城的建筑与地形结合紧密，是希腊建筑艺术的代表作品。

雅典城得名于女神雅典娜，而卫城则是供奉雅典娜的地方，原为雅典奴隶主的城堡，公元前5世纪雅典奴隶制民主政治时期改建为宗教活动中心。它位于雅典城中心偏南的一座小山顶的台地上。

卫城的建筑与地形结合紧密，极具匠心。如果把卫城看做一个整体，那山冈本身就是它的天然基座，而建筑群的结构以至多个局部的安排都与这基座自然的完美体现出来。卫城的古迹中，著名的有山门，帕提侬神庙〔图45〕，厄瑞克提翁神庙和雅典娜胜利女神庙。

如果设想卫城的平面图是一片树叶，那卫城的入口就是叶柄。走进入口，迎面的第一个建筑群就是山门。它建立于公元前437—前431年，由尼西克利斯设计。这是一座大理石建筑，中间是

图45 希腊雅典帕提侬神庙

宽大的门廊，两边是柱廊，通往卫城的圣道即由此开始。门廊的两翼不对称，北翼过去曾是绘画陈列馆，南翼是敞廊。

帕提侬神庙是供奉雅典娜女神的主神庙，又称万神殿，建于公元前5世纪中叶，公认是多立克柱式（三种希腊古典建筑柱式中最简单的一种）发展的顶峰。神庙在雅典政治家伯利克里的主持下，由雕刻家菲迪亚斯监督，建筑师伊克蒂诺斯与卡利克利特承建。公元前447年动工，前438年建筑本体完工，同年由菲迪亚斯用黄金和象牙制作的巨大的雅典娜女神像在庙内落成，外部装饰于公元前432年结束。神庙用白色大理石砌成，外部呈长方形，庙内设前殿、正殿、后殿。庙底由46根圆柱组成的柱廊围绕着带墙的长方形内殿，柱廊的东西面各有8根柱，南北面各有17根。圆柱的基座直径1.9米，高10.44米，每根圆柱都由10～20块上面刻有20道竖直浅槽的大理石相叠而成，有方形柱顶石，倒圆锥形柱头，额枋、檐口等处有镀金青铜盾牌和各种纹饰，还有珍禽异花装饰雕塑。东西端山花中的雕刻是圆雕，东面表现雅典娜的诞生，西面表现她与海神波塞冬争夺雅典统治权的斗争。

卫城在西方建筑史中被誉为建筑群体组合艺术中的一个极为成功的实例，特别是在巧妙地利用地形方面更为杰出。2500多年

外国建筑艺术精品赏析

建

筑

8

以来，这座白色石灰石所建的神殿，在蓝天艳阳交互辉映下，展露庄严而绮丽的风姿。登临山上可饱览雅典市内新旧建筑交杂的情景，别有风味。

帕提侬神庙可以说是西方，以至世界上最早的古代大庙宇，出现在基督教产生以前430年，是原始宗教的庙宇，神庙长70米、宽31米，被46根多立克式列柱所环绕，每根柱子高10米，直径2米，总面积达1200平方米，大约是巴黎圣母院的1／3，但较之早了1500年。

帕提侬神殿是希腊人追求理性美的极致表现，例如柱身看来等宽，其实是中间略粗，以矫正人类视觉的错觉，又如柱子看来都是垂直的，其实不然，越外围的柱子越往中间倾斜等，而且处处都是数学上黄金分割比例造成的建筑结果，是多利安式建筑中的最高杰作。

今天的神庙庙顶已几乎无存，唯有巨柱如石林矗立。在巨大的高岗上，建筑的巨石散落庙旁。从远处遥望雅典卫城的遗迹，唯有帕提侬神庙的骨架巍然挺立。

三、罗马斗兽场

罗马城里的大角斗场（Colosseum，75—80年）是全世界最著名的古建筑之一，从功能、规模、技术和艺术风格各方面来看，无疑是古罗马建筑的代表作，也是罗马伟大与强大的象征。角斗场起于共和末期，也遍布各城市，平面是长圆形的，相当于两个剧场的观众席相对合一。它们专为野蛮的奴隶主和游民们看角斗而造。〔图46〕

斗兽场围墙高大，是北京故宫城墙的5倍，远远便见其巍巍身姿。它层层拱廊相连，宽阔高大，构筑典雅，人行其间，仿佛在古代城堡殿廊穿行。各层连拱廊的柱型，富于变化，漫游其中，就如置身于古代石柱雕刻艺术的宫殿，拾级而上，似在扶摇直上羽化而登仙。端坐在观众席的顶层，俯身下望，偌大斗兽场，景象一览无余，尽收眼底。整座斗兽场形似一口平放的大锅，四周自下而上，阶梯式的座位，密密麻麻。

图 46　罗马斗兽场

　　斗兽场的外墙展示了罗马人最伟大的建筑发明之一——拱门，而建筑师的英文 architect 正是源自拱门的英文 arch。然而，究竟是什么令斗兽场成为一个划时代的建筑？由 240 根柱子支撑的巨大的雨篷，能保护观众免受风雨之苦，曾有 1000 名水手驻扎在罗马城内，专门负责竖起雨篷。斗兽场内，有时会在注满水的舞台上进行场面壮观的海战表演。此外，还有格斗比赛。公元前 160 年的某个晚上剧作家泰伦斯的喜剧在演出时被迫中断，只因有谣言说一场格斗比赛即将开始，所有的观众都冲了出去，直奔斗兽场。在罗马，没有什么能胜过动物与人相互厮杀所带来的兴奋与刺激。在 8 世纪时，比德曾慨叹道，"斗兽场站立，罗马就站立；斗兽场倒下，罗马也倒下"。在罗马斗兽场上，进行过无数次类似的演出，无数角斗士的鲜血，渗进了这方土地之下，直到公元 404 年，才停止了角斗士的角斗表演。

　　斗兽场的材料使用经济合理。基础的混凝土用坚实的火山石为骨料，墙用凝灰岩为骨料，拱顶的骨料则用浮石。墩子和外墙

外国建筑艺术精品赏析

建

筑

8

面衬砌一层灰华石，柱子、楼梯、座位等用大理石饰面。这样一个容纳5～8万人的大角斗场，观众的聚散安排得很妥帖。外圈环廊供后排观众交通和休息之用，内圈环廊供前排观众使用。楼梯在放射形的墙垣之间，分别通达观众席各层各区，人流不相混杂。出入口和楼梯都有编号，观众按号索座。兽槛和角斗士室在地下，有周密的排水设施。角斗士和野兽的入场口在底层。

大角斗场高48.5m，分为4层，下3层各有80间券柱，第四层是实墙。立面上不分主次，适合于人流均匀分散的实际情况。由于券柱式的虚实、明暗、方圆的对比很丰富，又兼本身是长圆形的，光影富于变化，所以虽然周圈一律，却并不单调。相反，这样的处理保持并充分展现了它几何形体的单纯性，浑然而无始终，更显得宏伟、完整、其大无比。叠柱式的水平分划更加强了效果和它的整体感。开间大约6.8米，而柱子间净空在6个底径左右，券洞宽阔，所以很开朗明快。装饰比较有节制。二层、三层的每个券洞口都有一尊白大理石的立像，在券洞的衬托下，轮廓明确，很生动，可惜细节略嫌粗糙。这座建筑物的结构、功能和形式三者和谐统一，成就很高。它的形制完善，在体育建筑中一直沿用到现在，并没有原则的变化，它雄辩地证明着古罗马建筑所达到的高度。古罗马人曾经用大角斗场象征永恒，说："只要角斗场在，罗马就在。"是当之无愧的。

四、圣索非亚大教堂

拜占庭帝国，即东罗马帝国，指的是罗马帝国在公元四世纪分裂之后，继承罗马帝国正统政权，且据有东半部领土的帝国。而拜占庭帝国的中心，就是拜占庭，即君士坦丁堡，也就是今日土耳其的伊斯坦堡。拜占庭（Byzantine）这个名字的由来，传说是由一位希腊人Byzas依循神谕，在欧洲与亚洲交界处、陆地与海洋交界的拜占庭找到理想之地，并以自己的名字为其命名而来。而拜占庭登上世界历史舞台的契机，一方面由于其位居要津，把守博斯普鲁斯海峡，控制了黑海与地中海间海陆交通要道的枢纽；另一方面则不得不提罗马帝国君士坦丁大帝的慧眼独具，于公元312年夺权成功之后，为了向东拓展罗马帝国的影响力，而选定拜占庭作为新罗马的基督城，并于公元330年5月11日正式迁都拜占庭，改名为君士坦丁堡。此后1000年，君士坦丁堡一直是全世界最华丽与最富有的都市。君士坦丁建造他的城市是为了夸耀罗马帝国的声势，同时吸引各国来归，于是他使用了各种华丽的装饰方式来美化君士坦丁堡：在街道上装饰喷泉和廊柱，又将来自中国的丝绸、非洲的珠宝、欧洲的雕刻与工艺用品、埃及法老王的方尖碑、世界各地的香料、瓷器等全搬过来。此外，公元325年，君士坦丁还盖了一座大教堂，这座美丽的大教堂的身世与君士坦丁堡的历史紧紧相系，它就是圣索非亚大教堂（St. Sophia Church）。〔图47〕

图47　土耳其圣索非亚大教堂

　　圣索非亚大教堂的特别之处在于平面采用了希腊式十字架的造型，在空间上，则创造了巨型的圆顶，而且在室内没有用到柱子来支撑。更确切地说，君士坦丁大帝请来的数学工程师们发明出以拱门、扶壁、小圆顶等设计来支撑和分担穹窿重量的建筑方

式，以便在窗间壁上安置又高又圆的圆顶，让人仰望天界的美好与神圣。由于地震和叛乱的破坏乃至烧毁，圣索非亚大教堂经历过数次重修，尤其公元532年查士丁尼大帝投入万名工人、大量黄金并花费六年光阴将圣索非亚大教堂装饰得更为精巧华美。神圣的教堂是当时的城市中心，而统治者对教堂所投注的心力不难看出其借由对宗教的奉献、夸示帝国的权力与财富，而对周遭地区施予影响力的用心。圣索非亚大教堂的大圆顶离地55公尺高，而且在17世纪圣彼得大教堂完成前，一直是世界上最大的教堂。

圣索非亚大教堂内部的装饰，除了各种华丽精致的雕刻之外，也包括运用有色大理石镶成的马赛克拼图。从公元4—6世纪开始，教会逐渐对教义与救赎的观念有渐深的认知，同时古希腊罗马文化圈重视肖像与肉体美的传统也逐渐对基督教产生影响，信徒除了透过传统的寓言故事与象征手法来理解教义，也逐渐产生将圣母、圣子、圣徒等人物画像化的需求。教会中认为圣人的人物画像就等于触犯圣经中不得膜拜偶像的规定的一派，与认为人物画像可以让信徒更容易理解神的精神、有助于传教的另一派间的歧异日渐加深。公元692年教会会议授予基督人像化的合法性，但公元730年罗马皇帝里奥三世（Leo III）颁布禁令，禁止圣母、圣子、圣徒、天使以人物形象出现，自此揭开了两派人马长达200年间的血腥斗争，教堂里的画作遭到破坏，画像的持有者和作画的工匠们也都遭到各种形式的迫害，更糟的结果是造成人与人的信赖关系瓦解，社会动荡不安。一直到9世纪中叶，教会重新解释，愿对画像给予敬意、信仰和崇拜，这才逐渐消弭两派间的纷争，而这个日子也被称为"正统的胜利"（The Triumph of orthodoxy），每年在信仰东正教的国家里被盛大庆祝。然而雕刻艺术从来不曾得到教会的认可，因此可以说拜占庭艺术里，雕刻艺术并不存在。

公元7世纪之后，阿拉伯半岛上出现新兴势力伊斯兰文明，接着十字军东征来到君士坦丁堡，但此时统治者已无力阻止联军与战争对城市的蹂躏。接着是土耳其人的登场，东罗马帝国正式宣告结束。公元1453年，奥斯曼土耳其将君士坦丁堡改名为伊斯坦

堡，并将圣索非亚大教堂改为供奉阿拉的清真寺。今天，圣索非亚大教堂作为一座雄伟壮丽的建筑古迹，冷眼旁观过政治兴衰更迭、宗教斗争与历史的沧桑，而它的美丽庄严，依然撼动每一个参观者的心。

五、巴黎圣母院

在12世纪中期初建时，巴黎圣母院是作为与首都相配的标志性建筑而兴建的最大的哥特式教堂之一，60多米高的双塔虽然一直未建尖顶，但在中世纪的巴黎街区也已是超级庞然大物了。它的内部空间可容纳万人，召唤着教徒走向它的入口。这个映照在阳光下的辉煌的正面以双塔为单位，被粗壮的墩子纵向分为三段，两条水平方向的饰带又把它们横向贯通起来。最下面一层是像罗马凯旋门一样的3个拱门，只是它们都是尖拱形，一层层递进地切入

图48　巴黎圣母院

厚厚的石墙中，那上面满是饰着与圣经有关的雕像。中间"上帝最后审判处"之门的门楣中心端坐着耶稣，圣母玛丽亚、圣约翰和天使分列在两边，四周一层层布满了来自天庭的天使和圣人，底层则雕刻着引导人们升入天国的道德形象和带着人们走进地狱的邪恶形象。与帕提侬神庙上神采灵动的神像相比，巴黎圣母院布满门的雕像显得有些拘谨、生硬，装饰味太浓，而这正是中世纪的雕塑家们追求的。〔图48〕

巍峨壮丽的哥特式大教堂以信仰的力量所产生的艺术奇迹，所体现的高度技术水平和艺术创造性至今还令人叹为观止。哥特式教堂以高耸入云的尖塔和无数尖拱、飞扶壁以及大型玻璃长窗组成复杂精致的空间结构，显得空灵轻盈。整个规模巨大的建筑仿佛摆脱了地球引力而向上飞升。

外国建筑艺术精品赏析　建筑

8

　　中间层正中巨大的圆形窗与两侧略小的尖拱窗形成对比，圆花窗正处在教堂正面中心的位置上，它由复杂的同心圆图案组成，那些四射的轮辐暗示着太阳和天堂，也象征着耶稣，嵌入的圆花则代表着圣母。这个直径达13米的巨大花窗竟是用石头雕凿成的，石头在这里简直改变了它在埃及、希腊和罗马建筑中的刚健禀性，变成了好像可以任意揉捏、镂空的金属一样的物质。圆花窗的石肋间布满了彩色玻璃，当明朗的阳光透过它时，教堂里就会映现出万花筒一样绚丽迷人的光影。

　　巴黎圣母院的正面完美动人，几乎使我们忘记了那高大石头建筑的沉重，整个结构好像是海市蜃楼在面前高高耸立。巴黎圣母院的正面后来成为哥特式教堂的典范。圣母院的另外三面，被林立的拱形支撑物包围着，这些被称为"飞扶壁"的支撑拱把教堂拱顶的侧推力一级一级地传递到墙外的扶垛上。这些扶壁在罗马式教堂里是与厚重的石墙融合在一起的，哥特式教堂的工匠们把它们解放出来，留出墙面给玻璃巨窗，就像他们在雕凿圆花窗时的出色表演一样，那些本来是不得已而为之的支撑墙也被尽情地诗化，成为轻巧优雅、跌宕起伏的石头交响曲。

　　在世界建筑史上，巴黎圣母院被誉为一曲由巨大的石头组成的交响乐，反映了人们对美好生活的追求与向往，闪烁着法国人民的智慧。

六、圣彼得大教堂

　　梵蒂冈又称梵蒂冈城国，是罗马教廷的所在地，位于意大利罗马城的西北部梵蒂冈高地东坡、台伯河的西岸。公元4世纪时，罗马主教向罗马皇帝要求受赠罗马城周围的财产和土地。321年，罗马皇帝君士坦丁一世将拉托兰宫赠给了罗马教会，这是罗马主教拥有财产的开始。〔图49〕

　　圣彼得大教堂是梵蒂冈城国内最著名的一座教堂。现在的这座教堂建于文艺复兴时期，是在4世纪建的旧教堂原址上建造的，始建于1506年，建成于1626年，前后花了120年的时间。圣彼得大教堂的建筑风格具有明显的文艺复兴时期提倡的古典主义形式，

图49　罗马圣彼得大教堂及广场

主要特征是罗马式的圆顶穹窿和希腊式的柱式。

　　文艺复兴时期意大利许多著名的建筑大师和艺术大师都参加了这座教堂的设计和建设，如勃拉芒特、拉斐尔、米开朗基罗、贝尼尼等。圣彼得大教堂的堂基呈拉丁式十字架形，长212米，宽137米，中殿高46米，圆顶直径达46米。屋顶有一座高耸的十字架，十字架的顶尖离地有137米。这座教堂可以容纳25000名教徒。大教堂内部用各色大理石装饰，各种雕塑、彩色壁画，富丽堂皇，其中米开朗基罗的壁画最为引人注目，穹顶天花分成6格，每格都为米开朗基罗的彩绘任务。教堂前面的圣彼得广场呈椭圆形，两侧有半圆形大理石柱廊环抱，这是贝尼尼设计的，建于1655年，椭圆形广场，气势宏伟，在长轴中央为方尖碑，其两侧各有一喷泉，体现出广场的人文气息，椭圆形广场通过一个梯形广场与教堂连接，使整个建筑群浑然一体。

七、印度泰姬陵

　　泰姬陵坐落于印度阿格拉附近的朱穆那河畔，是世界七大奇迹之一，到印度旅游的人士，大都是慕它的盛名而来。泰姬陵宏伟壮观，以纯白大理石砌建而成的主体建筑简直叫人心醉神迷，

四座长长的尖塔、皇陵前方的清澈水道、偌大的花园，使它盛名响遍寰宇，成为各国游客心驰神往的旅游景点。〔图50〕

图50 印度泰姬陵

泰姬陵是莫卧儿王朝帝王沙贾汉为爱妃泰吉·马哈尔所造。据传当年沙贾汉听闻爱妃先他而去的消息后，竟一夜白头。为纪念泰吉，不爱江山爱美人的国王倾举国之力，耗无数钱财，修建了这座晶莹剔透的泰姬陵。泰姬陵始建于1632年，到1653年才完工，工期长达22年之久。

泰姬陵由来自波斯、土耳其和印度各地的著名建筑师集体设计，由土耳其的建筑师乌斯塔德、伊萨定下最终的设计方案。与其他莫卧儿时期的花园式陵墓相同，泰姬陵是印度—伊斯兰建筑工艺与园林艺术的巧妙结合。

最引人注目的是用纯白大理石砌建而成的主体建筑，皇陵上下左右工整对称，中央圆顶高62米，令人叹为观止，四周有四座高约41米的尖塔，塔与塔之间耸立了镶满35种不同类型的半宝石的墓碑。陵园占地17公顷，为一略呈长形的圈子，四周围以红沙石墙，进口大门也用红岩砌建，大约两层高，门顶的背面各有11个典型的白色圆锥形小塔。大门一直通往沙杰罕王和王妃的下葬室，室的中央则摆放了他们的石棺，庄严肃穆。泰姬陵的前面是一条清澄水道，水道两旁种植有果树和柏树，分别象征生命和死亡。陵区南北长580米，宽305米，中间是一个美丽的正方形花园，花园中间是一个大理石水池，水池尽头是陵墓。陵墓全部用洁白的大理石砌成，在清澈的水池中形成无比圣洁的倒影，陵墓的平台是红砂石，与白色大理石陵墓形成鲜明的色调对比。陵墓中央覆盖着一个直径达17米的穹窿，高耸而又饱满，以天空为背景，构成壮美净洁的轮廓。陵墓两侧的配套建筑为清真寺，式样完全相同。墓穴为地下穹形宫殿，白色大理石墙上镶嵌着宝石。

　　泰姬陵宏伟瑰丽。凌晨或傍晚是观赏泰姬陵的最佳时刻，此时的泰姬陵显现出无与伦比的纯洁、静穆和优美。

八、巴黎凡尔赛宫

　　凡尔赛宫位于巴黎西南18公里的凡尔赛镇。整个宫殿占地面积为110万平方米，其中建筑面积为11万平方米，园林面积为100万平方米。这座以香槟酒色和奶油色砖石砌成的庞大宫殿，以东西为轴，南北对称。内部装修的突出特点是富丽奇巧，靡费考究。宫中有许多豪华的大厅，大厅的墙壁和柱子多用大理石砌就，加之金漆彩绘的天花板，雕刻精美的木制家具，以及装饰用的贝壳、花饰及错综复杂的曲线等，完全是"洛可可式"的典范。凡尔赛宫的总长度达到580米。〔图51〕

　　建筑装饰风格，给人以华美、铺张、过分考究的感觉。宫中最为富丽堂皇的殿堂要算著名的镜廊了。镜廊长73米，宽10.5米，高12.3米，左边与和平厅相连，右边与战争厅相接。拱顶上布满了描绘路易十四最初18年征战功绩的彩色绘画，吊灯、烛台与彩色大理石壁柱及镀金盔甲交相辉映；排列两旁的8座罗马皇帝丰耳雕像、8座古代天神整耳雕像及24支光芒闪烁的火炬，令

外国建筑艺术精品赏析

建

筑

8

图 51　法国凡尔赛宫

人眼花缭乱。最为吸引人的，还是与长廊左侧面对花园而开的17扇巨大拱形窗门相对应的17面巨型镜子，这17面大镜子，每面均由483块镜片组成。白天，人们在室内便可通过镜子观赏园中美景；夜宴时，400支蜡烛的火焰一起跃入镜中，镜内镜外，烛光辉映，如梦如幻。

由大运河、瑞士湖和大小特里亚农宫组成的凡尔赛宫花园是典型的法国式园林艺术的体现：望不见尽头的两行古树，俯瞰着绿色的草坪、绿色的湖水。千姿百态的大小雕像或静立在林荫道边，或沐浴于喷水池中。大小花坛一畦一样，青青的小松树被有条理地一律剪成圆锥形，布局匀称、有条不紊。呈三角形环绕着正宫的大小特里亚农宫和一个幽静的小村子，流传着各自不同的传说。

相传，建于1687年的大特里亚农宫是路易十四为自己所建的行宫，内设72个房间和舞厅，当时经常在此举行舞会和夜宴。小特里亚农宫建于1762年，据说是路易十五受大特里亚农宫的启发，为他宠爱的庞柏度夫人建造的。它的建筑风格典雅别致，与众不同，被认为是新古典主义的杰作。

九、流水别墅

作为赖特所推崇的"有机建筑"理论最负盛名的代表作——流水别墅，自1935年以来已经存在了半个世纪，在新的建筑纷纷问世，新的理论以及新的流派层出不穷的时代背景下，一直广受业界人士及群众好评。1985年曾被《住宅与家》杂志评为"当今世界最著名住宅"，并在世纪末被评选为20世纪最受美国人民欢迎的十大建筑之一。〔图52〕

图52　美国流水别墅

赖特给建筑的"有机"下的定义是："有机的，指的是统一体；也许用完整的本质的更好些"。　他认为："土生土长是所有真正艺术和文化的必要的领域"。当考夫曼带他查看了位于宾夕法尼亚州的"熊跑溪"的位置、地形后，赖特意识到，他一直在苦苦等待着的建筑项目终于出现了。这是一个可以实现他试图将建筑与自然环境完美结合的机会。这座建筑是赖特设计思想的顶峰，当以塔里埃森时期的草原式住宅第一次吸引全世界目光的30年之后，他再一次获得了全世界的认可。

美国商人考夫曼将私家住宅的设计任务委托给了赖特，地点位于一处美丽的山林，并有曲折的溪水流淌而过，在浓密苍翠的树木掩映之下，流水别墅隐于其中。绿树、流水、粗毛石与混凝土浑然天成，最令屋主考夫曼夫妇以及所有人颇感意外并为之叫

外国建筑艺术精品赏析

建筑8

绝的是，这座面积约400平方米并外带300平方米阳台和室外平台的别墅，竟然坐落于熊跑溪瀑布的上方而不是与其相对，赖特将整条瀑布作为了方案一个重要的组成要素并将其发挥到了极致。建筑落成后的效果便是与周围的山石流水自然地结合为一体，因为住宅本身的外部体型具有一种潜在的动态平衡，近乎夸张，却又相得益彰，塔里埃森式平缓的坡屋顶和深远的挑檐都被凌空悬挑的平台所代替，左出右进，前后掩映，高低错落，主次伸展，极富弹性和生命力，并且在结构上以不受拘束纵横交错的粗石片墙来代替转角墙，实现了建筑整体外形风格上的创新和突破，并使之带有抽象意味和活跃的现代感，这是赖特在结构手法上一次成功的尝试和发展。这种灵活性和自由度使建筑更具独特色彩和魅力，同时，流水别墅也为钢筋混凝土的可塑性创作带来惊人突破。

184

在流水别墅内部，赖特使建筑空间真正实现了有机增长与流动，即从某一核心向外发散并不断增殖，起居室就是这个具有核心地位的部分。根据建筑的使用要求，起居室由石柱、壁炉围合而成，其余的次要空间一律从这一主要空间向外发展，虚实相对，使各个空间产生沟通蔓延之趋势，从而进一步增加了室内空间的流动性并极大地协调了人的生活方式，充分享受建筑周边环境所赋予的特色景观。

作为开创性有机建筑的代表，流水别墅的影响是深远的，业内人士以及人群对它的评价，早已超出了仅仅作为一栋建筑的价值。从赖特的流水别墅开始，建筑师们的视野日益开阔，创作思想丰富活跃且多变，建筑与环境、社会、生态，人本身生活方式的结合与共生发展日益受到重视并得到进一步的研究探索与实践。

十、朗香教堂

法国东部浮日山区一个小山顶上，一座小小的天主教教堂，突破了几千年来天主教教堂的所有形制，以其独特神秘，怪诞诙谐的形态屹立于群山环绕之间。在它建成之时，即获得了世界建筑界的广泛赞誉，无论人们赞赏与否，勒·柯布西耶的非凡艺术想象力和创造力都得到了极致的表现。〔图53〕

图 53　法国朗香教堂

　　勒·柯布西耶是瑞士出生的法国人，是现代建筑大师、现代建筑理论家，同时他又是个出色的画家。他曾长期坚持半天从事建筑设计，半天绘画。在现代主义建筑的几位大师中，柯布西耶无疑是艺术造诣最深厚的。从朗香教堂新颖奇特的造型、充满激情与魅力的室内外空间的营造、明丽与悦目的色彩配置、奇幻神秘的光影调度以及粗砺质朴的材质处理，无不显示出大师非凡的想象力与创造力，以及深邃而坚实的艺术功力。

　　朗香教堂可谓是"前无古人，后无来者"，最具隐喻色彩的天才作品，人们对它的形状的含义作过种种猜测，像合拢的双手，像漂浮在水面上的鸭子，像一艘巨轮，像修女的帽子……。它和人类历史上的任何建筑都没有共通点，可是，却成为人类建筑史上最具魅力的杰作之一。

　　通过朗香教堂，勒·柯布西耶的创作风格由理性主义转向了浪漫主义和神秘主义，在这个教堂的设计中，重点放在了建筑造型上和建筑形体给人的感受上。他摒弃了传统教堂的模式和现代

建筑的一般手法，把它当做一件混凝土雕塑作品加以塑造。教堂造型奇异，平面不规则；墙体几乎全是弯曲的，有的还倾斜；塔楼式的祈祷室的外形像座粮仓；沉重的屋顶向上翻卷着，它与墙体之间留有一条40厘米高的带形空隙；粗糙的白色墙面上开着大大小小的方形或矩形的窗洞，上面嵌着彩色玻璃；入口在卷曲墙面与塔楼的交接的夹缝处；室内主要空间也不规则，墙面呈弧线形，光线透过屋顶与墙面之间的缝隙和镶着彩色玻璃的大大小小的窗洞投射下来，使室内产生了一种特殊的气氛。

朗香教堂的轮廓是流线型的，在蓝天、绿地的衬托下，几片白墙托起了一个硕大而朝上卷曲的深棕色屋顶。教堂的几个立面各不相同，站在一个立面前，你想象不出别的立面的样子。东立面是举行露天仪式的场所，墙的左上角是一个安放圣母像的窗口，右边挑出个圆弧形的阳台作为讲经台。南立面是教堂的入口，厚厚的墙体内弯并向上倾斜，墙身上散列着大大小小、横竖不一的窗口。在两面墙交接的东南角突然形成一道挺拔锐利的棱边，引领着上卷的屋顶直插苍穹。

首先，作为宗教性建筑它满足了功能化；其次，它很平民化，不仅仅是它的使用对象，关键是整个建筑的风格都完全屏弃了欧洲传统教堂的富丽堂皇，让普通大众会发自内心地去亲近这样一个建筑；最后是工业化，可能会有人说这样的异形建筑，工业化是很复杂的，但从另一个方面来说，没有现代工业化的发展是不可能让这个建筑变为现实的，它代表的不是普及的工业化，不是大批量生产的工业化，而是工业化发展的前沿。

所以说，朗香教堂意味着经典现代主义的结束和以后被称之为"后现代主义"建筑的第一个作品。

十一、华盛顿艺术东馆

这个美术馆是全世界最年轻的国家级美术馆，与法国罗浮宫美术馆等其他国家的国家美术馆相较，它的收藏品和馆舍全是私人捐赠，从建筑的观点来看，该馆适切地反映了美国建筑发展的演进过程。国家艺廊分为两部分，位于西侧的古典样式建筑物系于1941年3月17日落成，由被称为"末世罗马人"的古典派建筑师柏约翰（John Russell Pope 1874—1937）设计。那么在1968年贝聿铭在规划设计国家艺廊增建的东馆（National Gallery of Art, East Building）时遵循的理念是，现代建筑仍将是主流，仍将继续保有主导地位，建筑不是讲究流行的艺术，建筑物应该以环境为思考起点，与比邻的建筑物相关，与街道相结合，而街道应该与开放空间相关。东厢艺廊的确把这种环境理念淋漓尽致地发挥出来了。〔图54〕

图54　华盛顿艺术东馆

在贝聿铭接到此艺廊东馆扩建工程的计划书的时候，首先考虑到的问题就是美术馆的规模到底应该多大。第三任馆长布朗（J.Carter Brown）认为20,000平方英尺的展览空间是一般人所能接受的极限规模，这是根据布朗参加在墨西哥美术馆研讨会经验提出，布朗后来修订为10,000平方英尺，这样规模的空间大概得花45分钟参观。而根据考察欧洲美术馆的心得，展览室应该有亲切感，空间绝不可能太大。他们对位于意大利米兰的Poldi-

Pezaoli 美术馆印象极佳，此馆三层楼高，像是由许多"小馆"组合而成，有一个极优雅的楼梯，因此"馆中馆"的构想与楼梯的设计就被纳入建筑计划之中，同时大餐饮空间也是必要的。这样，东厢的建筑计划将空间按功能可分为三大项：展览、研究中心与后勤支援，其面积平均分配，各占三分之一。

国家艺廊东馆的扩建，不是在基地上创造一幢建筑物的单纯任务，基地的实质条件限制，与原有馆舍的配合，在华府陌区的地位，建筑计划的需求等，这些都是艰巨的挑战。艺廊东厢的基地，北侧是宾州大道 (Pennsylvnania Ave)，这条大道是华府极其重要的干道，南侧是华府最大的开放空间陌区 (The Mall)，东接第三街(3rd Street)遥望国会山庄，西侧隔着第四街与国家艺廊本馆——西厢对峙，基地呈梯形，是陌区唯一的一块空地，这些条件形成基地的特殊性。

东馆的建筑物高度，保持与宾州大道上建筑物相同，东馆的外墙采用与西馆相同的大理石。当年西馆的大理石厚一英尺，有五种不同的明暗色调，因此如何以石材的组合求得和谐的立面色调显得格外重要。最后通过石匠的精心挑选，用心组合，将所有暗色石安排在下方，淡色石置于上方，每当雨雪过后，东馆立面便有很明显的斑驳的色块出现。西立面造型是东馆艺廊的特色之一，延续了与呼应西厢的设计，朝向西馆的西立面有高塔耸立左右两侧，这正是等腰三角形角隅处的展览室，整个立面呈 H 型，既崇高又典雅。西立面有三个开口，最大的开口向内退缩，左侧安置了亨利摩尔的巨大雕塑品，很鲜明的标志出入口的意象；另两个开口，殊途同归通到研究中心的大门。雕塑品的安排及门的大小差异，使参观的人很容易辨识入口，而不至于误闯不对一般人开放的研究中心，贝氏以设计手法巧妙分别出两个不同的出入口。

1978 年 6 月 1 日东馆艺廊开放，贝氏以其独特的三角造型与光庭赢得举世的赞美，在美术馆的设计史上，东馆艺廊具有划时代的地位。建筑评论家古柏格推崇东厢艺廊的中庭是极成功的空间，凌驾于所有美术馆的中庭设计之上。东馆艺廊最伟大的成就是在其品质，包括了环境空间、造型、技术与施工等多项。

　　建筑的存在是长久的、大众的，建筑是文化形态的一部分，东馆艺廊实在是华府的文化冠冕。

十二、悉尼歌剧院

　　悉尼歌剧院耸立在澳大利亚新南威尔士州首府悉尼市贝尼朗岬角上，紧靠着世界著名的海港大桥的一块小半岛上，三面环海，南端与市内植物园和政府大厦遥遥相望。建筑造型新颖奇特、雄伟瑰丽，外形犹如一组扬帆出海的船队，也像一枚枚屹立在海滩上的洁白大贝壳，与周围海上景色浑然一体，富有诗意。〔图５５〕

图 55　悉尼歌剧院

　　悉尼歌剧院建筑总面积８８２５８平方米，整个建筑占地１.８４公顷，长１８３米，宽１１８米，高６７米，相当于２０层楼的高度。它建在一座很高的混凝土平台上。门前大台阶，宽９０米，桃红色花岗石铺面，据说是当今世界上最大最长的室外水泥阶梯。悉尼歌剧

外国建筑艺术精品赏析

建

筑

8

院的外观为三组巨大的壳片，耸立在一南北长 186 米、东西最宽处为 97 米的现浇钢筋混凝土结构的基座上。第一组壳片在地段西侧，四对壳片成串排列，三对朝北，一对朝南，内部是大音乐厅。第二组在地段东侧，与第一组大致平行，形式相同而规模略小，内部是歌剧厅。第三组在它们的西南方，规模最小，由两对壳片组成，里面是餐厅。其他房间都巧妙地布置在基座内。整个建筑群的入口在南端，有宽 97 米的大台阶，车辆入口和停车场设在大台阶下面。

歌剧院整体分为三个部分：歌剧厅、音乐厅和贝尼朗餐厅。歌剧厅、音乐厅及休息厅并排而立，建在巨型花岗岩石基座上，各由 4 块巍峨的大壳顶组成。这些"贝壳"依次排列，前三个一个盖着一个，面向海湾依抱，最后一个则背向海湾侍立，看上去很像是两组打开盖倒放着的蚌。高低不一的尖顶壳，外表用白格子釉磁铺盖，在阳光照映下，远远望去，既像竖立着的贝壳，又像两艘巨型白色帆船，飘扬在蔚蓝色的海面上，故有"船帆屋顶剧院"之称。那贝壳形尖屋顶，是由 2194 块每块重 15.3 吨的弯曲形混凝土预制件，用钢缆拉紧拼成的，外表覆盖着 105 万块白色或奶油色的瓷砖。

190

壳体开口处旁边另立的两块倾斜的小壳顶，形成一个大型的公共餐厅，名为贝尼朗餐厅，每天晚上接纳 6000 人以上。其他各种活动场所设在底层基座之上。剧院有话剧厅、电影厅、大型陈列厅和接待厅、5 个排练厅、65 个化妆室、图书馆、展览馆、演员食堂、咖啡馆、酒吧间等大小厅室 900 多间。

工程的预算十分惊人，歌剧院落成时共投资 1.02 亿美元。工程技术人员光计算怎样建造 10 个大"海贝"，以确保其不会崩塌就用了整整 5 年时间。悉尼歌剧院设备完善，使用效果优良，是一座成功的音乐、戏剧演出建筑。那些濒临水面的巨大的白色壳片群像是海上的船帆，又如一簇簇盛开的花朵，在蓝天、碧海、绿树的映衬下，婀娜多姿，轻盈皎洁。这座建筑已被视为世界的经典建筑载入史册。歌剧院的独特设计，表现了巨大的反传统的勇气，自然也对传统的建筑施工提出了挑战。

这个由巨大的贝壳形组合而成的建筑，将人工与自然完全糅合在一起，天衣无缝，世界各地的著名乐队、演唱家、舞蹈家、剧团等，都以在这里演出为荣。这座具有灵感个性的建筑艺术品，现在不仅是悉尼的象征，也是澳大利亚整个国家的象征。

十三、蓬皮杜国家艺术文化中心

1969年12月，乔治·蓬皮杜总统决定建造一座面向大众的现代艺术博物馆。不久，建筑师朗卓·皮亚诺和理查德·罗杰斯的设计，从681件竞争作品中一举中标，并在1972年至1976年建造完成。〔图56〕

图56　法国巴黎蓬皮杜国家艺术文化中心

蓬皮杜中心是位于巴黎心脏地区的多领域文化机构，全名为"蓬皮杜国家文化与艺术中心"，坐落在巴黎市心脏地区。离市政厅、巴黎圣母院、卢浮宫都很近。它是在法国总统蓬皮杜（任期1969—1974年）倡导下催生的，他热切期望在巴黎成立一个文化中心，兼具美术馆和创作中心的功能，将视觉艺术和音乐、电影、

图书、视觉研究分列并陈。

蓬皮杜中心外貌奇特。钢结构的梁、柱、桁架、拉杆等全部外露，甚至涂上颜色的各种管线，都不加遮掩地暴露在立面上。管道不同的颜色以区别不同的功能：红色的是交通运输设备，蓝色的是空调设备，绿色的是给水、排水管道，黄色的是电气设施和管线。人们从大街上可以望见复杂的建筑内部设备，五彩缤纷，琳琅满目。在面对广场一侧的建筑立面上悬挂着一条巨大的透明圆管，里面安装有自动扶梯，作为上下楼层的主要交通工具。设计者把这些布置在建筑外面，目的之一是使楼层内部空间不受阻隔，内部空间最大化。

这一大胆而引人注目，颇有些建立巴比伦通天塔精神的建筑是由意大利建筑师伦佐·皮亚诺 Renzo Piano 和英国建筑师理查德·罗查斯 Richard Rogers 共同设计的。在 1971 年 7 月从 681 个提交评审的国际竞争方案中一举中标：它与中心多元化的需求相吻合；它为周围区域营造了良好的氛围；它在一个单一环境中荟萃各种活动的方式以及它所提供的使用场所的灵活性。这个梦想引发了一场建筑革命的新生，当时的"建筑电讯"学派是一个致力于将自由意志和大胆发明的方法推广到建筑上的流派，皮亚诺和罗查斯受其影响，他们提出的创造一架机器所内含的建筑细节正是这种新方法的象征。建筑师将它构思为一座反传统纪念碑，一架混乱的、没有完成的、同时又在不断变化的机器，然而它又仍然是一座要矗立四五个世纪的建筑物。

192

罗杰斯等人的建筑观代表了一部分建筑师对现代生活急速变化的特点的认识和重视。人们对它的评论分歧很大：一艘货轮、一座城市里的城市、一台管道机器或一间煤气工厂……蓬皮杜中心一直是被过度赞扬和各种嘲笑的目标。有的赞美它是"表现了法兰西的伟大的纪念物"，有的则指出这座文化艺术中心给人以"一种吓人的体验"，有的认为它的形象酷似炼油厂或宇宙飞船发射台。不过，现在它已经被普遍认为是巴黎的象征性标志之一，一个同时具有保守性和创造性的场所。

蓬皮杜中心建于 1972—1977 年，于 1977 年正式开放。它包括 90，000 平方米的建筑空间，分为 8 层，每一层都有用于介绍和探索各种不同形式的艺术和文化实践。蓬皮杜中心主要包括四个部分：公共图书馆、现代艺术博物馆、工业美术设计中心、音乐和声响研究中心。连同其他附属设施，总建筑面积为 103305 平方米。除音乐和声响研究中心单独设置外，其他部分集中在一幢巨大的建筑空间里。整个建筑物由 28 根圆形钢管柱支承。其中除去一道防火隔墙以外，没有一根内柱，也没有其他固定墙面。各种使用空间由活动隔断、屏幕、家具或栏杆临时大致划分，内部布置可以随时改变，使用灵活方便。设计者曾设想连楼板都可以上下移动，来调整楼层高度，但未能实现。

20 年后，又对它进行了重要的翻新工作：共有 70，000 平方米的空间全部重新装修、翻新，并增添了 3，000 平方米的空间来展览馆内作品，因为有一部分原来的办公空间被改成了展览空间。

正像设计人罗杰斯说过的那样，他们把建筑看成是永远变动的灵活的框子。人在其中应该有按自己的模式干自己的事情的自由。他们又把建筑看成如架子工搭建的架子，还把建筑看做是一个容器和装置。他们反对那种有局限性的传统的玩偶房子。他们认为建筑应该设计得能让人在其中自由自在地活动，自由和变动性就是房屋的艺术表现。

蓬皮杜中心的形象并非偶然的产物，而是刻意追求的结果。这座建筑是一个图示，要大家一目了然，所以把它的内脏放到外面，为了让大家看得清楚，自动扶梯装在透明管子里，大家能看清其中的人怎样上上下下，来来往往。

193

外国建筑艺术精品赏析

建

筑

8

第九章　建筑艺术教育的功能

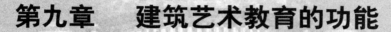

JIANZHU YISHU JIAOYU DE GONGNENG

　　建筑艺术作为实用艺术是技术与艺术的融合体，以其特有的空间形态构成的艺术品为媒介对受教者发挥着特有的功能，实现着建筑艺术教育的目标。建筑艺术教育的功能是指对人的发展和社会进步的作用。建筑艺术教育的功能大致可分为审美功能和非审美功能两大类。这两类功能是相互联系、相互促进、共同发展的，它们的互动导致建筑艺术教育效应和价值的实现。

一、建筑艺术教育的审美功能

建筑艺术教育的审美功能主要是培养受教者的审美能力、提高审美境界、塑造审美心理结构等。说到底，"审美功能就在于培养和建构一种审美（创造、超越、自由）人生。"①

1.培养审美能力

罗丹说："美是到处都有的。对于我们的眼睛，不是缺少美，而是缺少发现。"②怎样发现那到处都存在的美呢？这就必须具备一定的审美能力。建筑艺术教育的目的之一就是培养受教者的审美能力，这也是建筑艺术教育的基础。审美能力主要包括发现、感受、理解、评价和鉴赏美的能力。培养审美能力应着重从以下几个方面进行。

（1）培养审美感受能力

审美感受能力也就是审美主体对审美对象的感知能力。审美感受能力是人们进行一切审美、创美活动的出发点，是整个审美能力中最初始、最基本的能力，是审美想象能力、鉴赏能力、理解能力、创造能力得以萌生和发展的前提和基础。苏霍姆林斯基说："感知和领会美，这是审美教育的基础和关键，是审美素质的核心，舍此，情感对任何美的事物都会无动于衷。"③

196

审美感受能力的培养，应首先从训练人的审美感官开始，即培养训练能感受音乐的耳朵、能感受形式美的眼睛。审美感受能力是建立在审美感官基础上的。罗丹说："所谓大师，就是这样的人，他们用自己的眼睛看到别人看过的东西，在别人司空见惯的东西上能够发现出美来。"④审美感官的培养训练是在艺术的和现实的审美教育中实现的。受教者必须以对象化的物质产品或精神产品为教育媒介反复进行观照体验，从而不断丰富和发展自己的审美感受能力。马克思指出："艺术对象创造出懂得艺术和能够欣

① 杨恩寰：《审美与人生》，辽宁大学出版社1998年版，第76页。
② 《罗丹艺术论》，人民美术出版社1978年版，第62页。
③ 苏霍姆林斯基：《帕夫雷什中学》教育科学出版社1983年版，第424页。
④ 《罗丹艺术论》，人民美术出版社1978年版，第5页。

赏美的大众——任何其他产品也是这样。因此，生产不仅为主体生产对象，而且也为对象生产主体。"①可以看出，艺术对象对受教者审美感受能力的培养具有特别重要的作用。反过来说，培养审美感受能力必须紧紧把握艺术审美对象。

建筑艺术是视觉艺术，建筑艺术教育在培养训练感受形式美的眼睛从而提高受教者的审美感受能力方面，是其他教育所不可取代的。对建筑艺术形式的感受能力，主要表现为对建筑艺术造型形式的观照和对形式美法则的体察能力。建筑艺术教育能够有效地培养受教者对建筑的序列组合、空间安排、造型样式、质地色彩、装修饰物的美以及含在其中的比例尺度、对称均衡、节奏韵律等形式美法则的感知能力。

（2）培养审美想象能力

审美想象能力是按照审美理想，将储存在记忆中的表象进行加工改造和重新组合，从而创造新的审美意象的能力。审美想象是一种创造性的思维活动，它和形象思维有着内在联系。它可以大大超越时间、空间等具体条件的局限，从而极大地丰富人们的精神世界。正如刘勰所说："寂然凝虑，思接千载；悄然动容，视通万里；吟咏之间，吐纳珠玉之声；眉睫之前，卷舒风云之色。"②

在建筑艺术教育中，凭借想象能力的驰骋，可以获得"象外之象"的效果。唐代乾陵由于年代久远，地面建筑早已荡然无存。但其四门石狮犹在，从其宏大的场面和他处现存唐代建筑物的水平和风格，通过想象可以在头脑中浮现当时的辉煌场景。到乾陵游观，可以使受教者受到审美想象能力的培养和锻炼。建筑艺术有着丰富的隐喻和意涵。受教者在施教者指导下观赏建筑艺术媒介，可以大大提高审美想象能力。如悉尼歌剧院建筑既像展翅飞翔的海鸥，又像一片片鼓起的风帆，还像海贝、花蕾、头巾等，甚至有人认为它像大鱼吃小鱼，真是让人浮想联翩，意味无穷。

审美想象能力还包括通感能力。通感或称联觉，是指在审美

建筑艺术教育的功能

建

筑

9

---

① 《马克思恩格斯选集》第2卷，人民出版社1972年版，第95页。

② 刘勰：《文心雕龙·神思》。

活动中主体的视觉、听觉以及其他各种感觉，相互之间彼此挪移、转化和渗透。由审美对象所直接引起的某种感觉，具有唤起另一种感觉的作用。如观赏建筑所直接产生的视觉形象，仿佛从建筑中听到了音乐之声的流动，感受到音乐的节奏和韵律，建筑成了凝固的音乐。可见通感可以帮助受教者克服各类艺术在物质手段上所带来的局限性，拓宽和加深对艺术形象或意境的审美价值的领悟。

审美想象能力的培养，一是要有丰富的生活积累，即"内在图式"储备；二是要有热烈的情感。所谓"内在图式"，就是以信息的形式储存在大脑中的表象或意象。它的作用有两个：一是帮助知觉选择；二是作为想象活动的原料。不断增加"内在图式"的储存，是培养提高审美想象能力的重要环节。而热烈的情感会推动心灵将储存于大脑中的种种"图式"重新组合，形成全新的审美意象。

（3）培养审美理解能力

审美理解能力是对审美对象的主题或整体精神的认识和领悟能力，亦即在审美感受的基础上，把握艺术作品等审美媒介意蕴的能力。审美"理解"与科学"理解"不同，前者是一种形象思维，受教者对审美媒介理性内容的领悟，始终离不开生动、具体的形象和情感体验，其内涵是不确定的，朦胧多义的，难以用概念表达清楚，只能"心领""神会"；后者则是一种抽象的思维，通过概念、判断、推理的逻辑形式来领会内容，其内涵是明晰的、确定的。审美理解是对审美对象感性形象所蕴涵的理性内容的直观把握，因而也可称做感悟，它是感性和理性的和谐统一。钱钟书说：审美理解"如水中盐，蜜中花，体匿性存，无痕有味。"①上海"东方明珠"广播电视塔，乍看起来不过是由筒体、球体、斜撑柱体组合而成，造型简洁明快的塔形建筑物而已，然而从其简约而普通的外形不难悟出深邃的理性意涵：上海作为正在崛起的东方大都会，犹如一颗璀璨的明珠，又如即将升空腾飞的火箭，

---

① 钱钟书：《谈艺录》，香港国光书店1979年出版，第274页。

充分体现出这个城市积极进取的拼搏精神和广纳四海的开放胸怀。

受教者的审美理解能力不是生来就有的，而是经过长期的审美教育特别是艺术教育与训练以及文化艺术熏陶感染的结果。因而，在建筑艺术教育中，必须十分重视审美教育，通过实施建筑艺术审美教育，不断培养提高受教者的审美理解能力。

（4）培养审美鉴赏能力

审美鉴赏能力是对审美对象的鉴别、判断、评价和赏识的能力。它包括对审美对象的美丑的分辨识别能力；对审美对象的性质、类型、形态、程度的判断、鉴别能力；对审美对象的欣赏品味和评价能力等。狄德罗把审美鉴赏能力认定为"抓住真实和良好的东西，并且迅速而强烈地为它所感动"的"敏捷性"。

客观的审美对象对每个进行审美活动的人都是一视同仁的，然而每个从事审美活动的人对同一个审美对象的鉴别、判断、品味、评价却不尽一致，这是由于人们审美鉴赏能力有高低强弱之分所造成的。法国蓬皮杜艺术和文化中心是现代建筑艺术中的一件辉煌杰作，然而不少人贬斥它为将五脏六腑全部裸露在外的"开了膛的野兽"。当然，这种褒与贬的不同评价并无损于它"法兰西伟大的纪念堂和象征之一"的价值。殊不知它似乎"丑陋"的外部形象，却带给人们最大的开放性，这种"丑陋"实际上只是不加遮盖与毫不掩饰，让人感到它的真诚。就是这一真诚，唤起了在艺术面前人人平等、人人参与的意识。可见，审美鉴赏能力高低强弱不同，造成的审美效果是不同的。柏拉图早就说过：审美鉴赏能力强的人可以很敏捷地看出一切艺术和自然界一切事物的丑陋，很正确地加以厌恶；但是一看到美的东西，他就会赞赏它们，很快乐地把它们吸收到心灵里，做滋养……

审美鉴赏能力的差别不是先天造成的，而是后天培养教育的结果。对建筑艺术审美鉴赏能力的培育表现在对建筑的造型、色彩、材质的利用；对建筑风格的时代性及民族性的探讨；对建筑与环境关系的评价及对建筑风格流派的认定等。培养受教者的审美鉴赏能力，首先要大量接触美的建筑艺术品，经常参加建筑艺术鉴赏活动，不断总结鉴赏经验，善于对美和丑进行比较、鉴别，

建筑艺术教育的功能

建筑

9

天长日久，耳濡目染，鉴赏能力就会逐步提高。休谟就认为从一门特定的艺术着手最为有效，要想提高或改善这方面的能力最好的办法无过于在一门特定的艺术领域里不断训练，不断观察和鉴赏一种特定类型的美。建筑艺术可以说是培养和提高审美鉴赏能力最有效的艺术门类之一。其次，要提高人们的思想文化水平和艺术修养。审美鉴赏能力是一种综合能力，能集中反映一个人的文化、道德和艺术修养。康德说："要评判美，就要有一个有修养的心灵。"①

（5）培养审美创造能力

培养受教者的审美创造能力是培养审美能力的重要内容和途径。所谓审美创造能力，指的是审美主体在实践中按照美的规律，创造美的事物的能力。苏霍姆林斯基把审美创造力称之为"美育中的精灵"。②歌德在《论德国建筑》中则把它当做人的"一种构形的本性"。

审美创造能力是人所特有的一种高级能力，它是人的本质力量的充分体现。人类从它诞生的那一天起，就以自身无限的创造能力而与动物界相区别。马克思在《1844年经济学—哲学手稿》中详细论述了人与动物的本质区别，指出人不仅"懂得按照任何一个种的尺度来进行生产，并且懂得怎样处处都把内在的尺度运用到对象上去；因此，人也按照美的规律来建造。"③审美创造能力是人类智慧的最高表现，也是衡量一个民族、一个人素质状况的直接标志。在建筑艺术审美中，审美主体处于自由状态，个性得以充分展开，想象得以广阔驰骋，这就为个性的发展和想象能力的增强提供了最佳机遇。

在建筑艺术教育中培养提高审美创造力要破除两种观念。一是破除认为培养审美创造力只是少数天才专利品的观念。有人把审美创造能力看得很神秘，似乎只有少数具有天赋的建筑艺术家

---

① 转引自赵洪恩、辛鹤江：《艺术美育》，河北美术出版社1989年第1版，第17页。
② 李范编：《苏霍姆林斯基论美育》，湖南人民出版社1984年版，第51页。
③ 《马克思恩格斯全集》中文版，第42卷，第97页。

才有这种能力。这种看法是片面的。高尔基说："照天性来说，人都是艺术家，他无论在什么地方，总是希望把'美'带到他的生活中去。"①即使是儿童做游戏，如摆积木时会突然惊喜地叫起来："妈妈快来看，我盖的房子多美呀！"其实这就是孩子的审美创造。二是破除认为审美创造只存在于艺术领域的观念。虽然艺术领域是最重要的领域，但不是唯一的领域。它还包括生产劳动的美化、人自身的美化、人与人关系的美化、生活环境的美化等等。

现实中人们的审美创造能力是有差别的，这种差别不是先天的，而是后天教育的结果。实施建筑艺术教育是培养提高审美创造力的重要途径。开展包括建筑艺术教育在内的艺术教育，培养提高受教者的审美创造能力，应从以下几个方面入手。

一是要使受教者懂得和掌握美的规律，包括对称均衡、调和对比、比例尺度、节奏韵律、多样统一等形式美规律。二是要注重受教者创造性思维的培养和训练，因为创新意识和创造性思维是一切创造活动的基础。三是培养人的意象构形能力，从而在一个广袤无限的大千世界里创构一个崭新的艺术形象和审美客体。四是要使受教者掌握熟练的审美创造技巧。审美创造技巧是一种实践性的审美操作能力，它是审美创造能力不可缺少的组成部分。

2. 提高审美境界

建筑艺术教育另一重要功能是提高审美境界。"审美境界是指个体通过艺术教育自觉进行心性、性情的自我锻炼、陶冶、塑造、培养和提高，达到、形成超越的自由境界。审美境界是一个综合结构体，是审美心理结构的组合方式和表现形态。……是多种因素交融渗透的结果。"②审美境界不是先天的，也不是自发形成的，而是在包括建筑艺术教育在内的审美教育中自由自觉地形成的。审美境界大致可分为由低到高、相互联系的三个层次。

（1）感性愉悦的审美境界

感性愉悦的审美境界也称做悦耳悦目的审美境界。它是偏重

---

① 高尔基：《文学论文选》，人民文学出版社1955年版，第71页。
② 贺志朴、姜敏：《艺术教育学》，人民出版社2001年版，第116页。

建筑艺术教育的功能

建
筑
9

于感性能力对艺术的形式、样式、结构、节奏的直观感受的审美境界。在这种审美境界中，往往不须对对象内容的深入领悟就获得愉快。阿奎那所说的"一眼见到就使人愉快"；夏夫兹博里所说的"眼睛一看到形状，耳朵一听到声音，就立刻认识到美，秀雅与和谐"；爱迪生所说的"一眼看到时心灵马上就判定它们的美和丑，不须预先经过考虑"[①]，都是感性愉悦的审美境界。所谓"不须预先经过考虑"，即不假思索，并不等于没有理性因素介入。事实上，作为审美的感性直观已经积淀了理性，已经渗透着想象、理解、情感因素。可见感性愉悦的审美境界，虽以感性为主，却仍是多种心理功能的共同活动，只是理性因素隐而不显、含而不露罢了。

感性愉悦的审美境界，既然感性突出，那么就的确多与生理欲念意向相联系，往往缺乏持久性，多有变异性。生理欲念意向的变异，又引起情感、理解等因素的变异，从而对个体的心灵唤起一种塑造作用。感性愉悦的审美境界，是较低层次的审美境界，但它仍是一种自由感，仍表明进入自由境界，因为它也是感性与理性的协调活动。它是进入较高层次审美境界的基础。

建筑艺术教育应从培养提高感性愉悦的审美境界为起点，使受教者在观照对象获得感性愉快的基础上，培养对现实功利的超越能力，能够超越一般生理快感，去自由感受形式因素的审美特征及其变化。要注重形式的组合规律、空间造型的艺术手法、物质材料的情感性质等方面的教育，使受教者的心理机能得到协调发展，培养起一种超越现实功利的审美态度。

（2）领悟愉悦的审美境界

领悟愉悦的审美境界也称悦心悦意的审美境界。这种审美境界侧重于审美对象蕴含的内容意味的领悟和品味，从而产生一种精神愉悦。建筑艺术教育媒介不是单纯的物质材料的形式组合，而是在组合中隐含着意味，往往需要经过反复玩味，才能产生领悟愉悦。李泽厚说：领悟的审美境界"常常是通过诉诸我们视觉

---

① 参见杨恩寰：《审美教育学》，辽宁大学出版社1987年版，第376页。

和听觉的有限的形象，不自觉地感受和领会某些更深远的东西，来获得美感享受，收到悦心悦意的效果。"①如看大沽口炮台，不只看到炮台的建筑形式，而是从中看到中国近代屈辱的历史和中国人民反抗外敌入侵的爱国精神。

在领悟愉悦的审美境界中，理解和想象的因素相对突出，由此而生的情感愉悦相对稳定、持久和深刻。在建筑艺术教育中，能够培养和锻炼受教者的理解、想象等心理功能，使之能够从有限的、偶然的、具体的形象中，领悟到无限的、必然的本质内容，从而提高受教者的心意境界。在这种审美境界中，活跃着的想象受到理解的规范和限定；理解着的逻辑依存于想象的连接、推移和转换，趋向于感知；感性和理性相互渗透、和谐活动，受教者获得超出日常生活意识的审美态度、人生态度。

领悟愉悦的审美境界是一种较高层次的心灵自由的审美境界。这种审美境界已不是纯形式的审美，而是"悦心悦意"，即对心思意向的某种培育和提升。

（3）精神愉悦的审美境界

精神愉悦的审美境界，也称悦志悦神的审美境界，它是最高层次的审美境界。"悦耳悦目一般是在生理基础上但又超出生理的一种社会性的愉悦，它主要是培养人的感性能力。悦心悦意则一般是在认识的基础上培养人的审美观念和人生态度。悦志悦神是在道德的基础上达到一种超道德的境界。"②"这种审美境界包括两个相互联系的环节，一个环节是伦理情感与哲理思索的交融而形成的道德精神的高扬、奋进；一个环节是超道德本体的人与自然的交融。前者即所谓'悦志'，后者即所谓'悦神'。"③

建筑艺术教育在形式的意象中所包含的文化知识内容、哲理内容、思想道德内容，是受教者形成道德精神高扬、奋进的重要条件，特别是像金字塔、万里长城等教育媒介所引发的崇高感，

① 《李泽厚哲学美学文选》，湖南人民出版社1985年版，第408—409页。
② 《李泽厚哲学美学文选》，湖南人民出版社1985年版，第409—410页。
③ 杨恩寰：《审美教育学》，辽宁大学出版社1987年版，第378页。

建筑艺术教育的功能

建筑

9

能够在情感的激荡中摆脱克服那些渺小、卑琐、平庸的消极心理，从而向上升腾，在精神力量的高扬中获得情感的满足。在主体精神高扬的基础上，走向人与自然、个体与社会的和谐交融的从容愉悦，使受教者彻底超脱功利意识，在审美中将精神力量与感性世界合为一体，在感性的时空中求得伦理精神的超越和不朽。

无论哪一层次的审美境界的提升，都离不开个体的主观努力，离不开受教者以自己独特的艺术和人生体验对媒介的感受。因而，这就需要受教者主动追求、不懈努力，把审美经验转为内在的心灵生活和人生态度，化作自我价值的一部分，以实现自身的全面发展。进而，"把审美中取得的人性完整与自由，审美的人生态度、超脱精神，转为大无畏的为人类造福的实际行动，以便在现实生活中实现这种自由境界。①

总之，审美境界达到理想高度的标志，是受教者形成一种对功利超越的自由态度，"个体审美境界的塑造、形成、提高，意味着一种超现实的审美态度的呈现，即摆脱日常生活功利的驱使、强迫、束缚、困扰，趋向暂时的一定的超脱。"②审美境界的提升是受教者对审美媒介进行自由观照和把握的结果，又是提高审美能力、自由地创造一个审美世界的必要条件。它使受教者不仅能够观照和审视，而且能够创造和表现，超脱功利的强制性而走向自由，把它转化为改造社会和自然的物质活动，对人类自身的发展和社会进步产生深远的影响。

3.塑造审美心理结构

塑造审美心理结构是建筑艺术教育的又一重要功能。它是培养受教者审美能力、提高其审美境界的落脚点和归宿，是塑造完美人格的内在机制。

(1)审美心理结构在整体心理结构中的地位

人的心理活动有三种最基本的要素：认知、意志、情感。与此相应而构成智力结构、伦理结构和审美结构。这三种心理结构

---

① 杨恩寰：《审美教育学》，辽宁大学出版社1987年版，第380页。
② 杨恩寰：《审美与人生》，辽宁大学出版社1998年版，第113页。

形成人的整体心理结构，审美心理结构是整体心理结构的子结构。从三种心理结构的比较中可以看出审美心理结构在整体心理结构中的地位有多么重要。

智力结构是主体反映客体事物的本质、运动规律以及各种事物之间联系的心理结构。它主要是运用语言、文字及其他符号，借助于概念、判断、推理等抽象思维方式来把握事物、认识世界的。这种结构对人的发展虽然是必不可少的，但它有明显的局限性，这就是排除、舍弃感性。青年学生如果尽是接触抽象概念、逻辑公式，久而久之，就会在他们生活中失去那种和谐的有机统一的世界。

伦理结构是人在社会实践中凝聚和积淀起来的一种由理性主宰、支配感性的心理结构。它是人约束、控制、克服自己的各种物质欲念、生理欲求，以道德规范的形式维护人类社会群体和谐有序生存和发展的心理活动系统。这种结构虽然也是必要的，但仍然有其局限性。因为它使人的活动受外在规范的约束，即受社会功利价值观念的约束，人自身是被动的，受支配的。

审美结构是主体内部反映客观事物的审美特性及其相互联系的心理结构，它是人进行审美活动的心理载体。它包括感知、想象、情感、理解等因素，这几种心理因素有机结合，相互渗透，协同作用，形成人的审美心理活动，使人产生审美感受、体验、判断、评价和创造。在审美结构中没有智力结构的抽象和刻板，也没有伦理结构的功利、规范和强制，它在本质上是自由的。人尽可以被迫去思考，去行动，但不能被迫去爱、去恨。所以，黑格尔说："审美带有令人解放的性质。"[1]

在塑造智力结构的智育中，是感性的社会实践活动内化为理性结构；在塑造伦理结构的德育中，是理性凝结对感性的强制；它们都表现为超感性对感性的压倒性优势。但在以塑造审美结构为旨归的包括建筑艺术教育在内的审美教育中，不再是理性对感性的压制，而是二者以感性为表现形式的充分的交融统一，超感

205

建筑艺术教育的功能

建筑
9

---

① 　黑格尔：《美学》第1卷，商务印书馆1979年版，第147页。

性的东西完全融汇在感性之中，带有自由愉悦的性质。可见，审美结构在整体心理结构中不仅有着不可或缺、不可取代的重要地位，而且较之智力结构和伦理结构有着明显的优越性。

（2）审美心理结构的特征

首先，理性积淀在感性之中。与智力结构和伦理结构感性内化为理性、感性受理性的强制和支配不同，审美结构则是理性积淀在感性之中。也就是说，它所包含的理性因素都不是以逻辑的形式表现出来的，而是积淀、渗透在感性之中，融化在想象和情感之中。从天坛、地坛等建筑物中可以看出对"天圆地方"、"天人合一"等中国传统哲学理念的积淀。

其次，对功利性的超越。与智力结构、伦理结构和实用、功利密切相关不同，审美心理结构则是超实用功利的。审美对客观对象没有实用、功利的欲求，而是与对象保持一定的心理距离，对之采取观照和欣赏的态度。观看黄山的奇松怪石，不是为了选购木材和石料盖房子，公园里的亭台楼榭不是为了居住。当然，这种超功利性不是绝对的无功利性，而是超脱眼前的直接功利价值，获得间接的社会效益。作为建筑艺术的审美又有其特殊性，因为建筑属于实用艺术，除审美外还有实用性的一面。

再次，具有强烈的情感体验。与智力结构、伦理结构中理智、意志因素占主导地位不同，在审美结构中，情感因素居于主导地位。审美主体总是处于饱满的情感状态，有着强烈的情感体验。在审美中，情感直接渗入对象，贯彻于审美的全过程，使之变成一种情感体验过程。刘勰在《文心雕龙》中所说的"登山则情满于山，观海则意溢于海"，就是这种情感体验的绝妙写照。

（3）塑造审美心理结构的意义和途径

正是由于审美心理结构具有不同于智力结构、伦理结构的特征，才使它成为人的健全心理结构不可或缺的重要组成部分，并且具有其他心理结构无法相比的优势。因为它可以使人摒弃私欲、超然物外、陶冶性情、净化心灵，使人的盲目冲动秩序化，使人的精神得到高扬，从而培养起一种感性和理性相融合、情感和理智相协调的心理定势，树立起一种超越的人生态度、崇高的精神

境界，最终使人的个性达到自由与和谐，人格达到完善。

塑造人的审美心理结构的最佳途径就是开展包括建筑艺术教育在内的审美教育。在建筑艺术教育中，借助于充满和渗透着社会理性因素的教育媒介，有目的地引导受教者进入媒介所提供的情境之中去感受、领悟、体验、操作，"就会使受教者的个体性情感得到净化和提升，获得普遍必然性形式，转变为自由超越的情感。在这个过程中，感性的认知因素转变发展为审美和自由地把握创造形式的能力，感性欲求转变为超功利的自由人生态度，升华为审美的需要和理想，最终实现审美心理的成熟和完善，达到人性的自由建立、个体的全面发展。"①

二、建筑艺术教育的非审美功能

建筑艺术教育除具有审美功能以外，还具有范围深广的非审美功能。非审美功能与审美功能是不可分离的，始终融合在一起的；非审美功能始终是通过审美功能来实现的。这里所说的非审美功能，主要限定在教育范围，至于涉及人生的各个层面和人文社会的各个领域的，如历史的、宗教的、伦理的、政治的等等，我们将另行讨论。

1.建筑艺术教育的德育功能

建筑艺术教育的德育功能又可称作"储善功能"。下面讨论德育功能的表现及其机制。

先谈德育功能三个层面的具体表现。

（1）建筑艺术教育"辅翼道德"的功能

在建筑艺术教育中，通过审美这个中介，可以使受教者潜移默化地受到道德教育。中国古代早就提出艺术可以"成教化，助人伦"的主张。鲁迅先生说：美和艺术的目的"虽与道德不尽符，然其力足以渊邃人之性情，崇高人之好尚，亦可辅道德以为治。"②苏霍姆林斯基在谈到艺术和审美教育的功能时也明确指出："赋予

207

建筑艺术教育的功能

① 贺志朴、姜敏：《艺术教育学》，人民出版社2001年版，第120页。
② 《鲁迅全集》第7卷，人民文学出版社1963年版，第273—274页。

学生的认识和创造活动以及他在多种活动中的精神需求的发展和特定方向的审美教育，涉及正在成长的人的精神生活和一切领域，审美教育同人的思想面貌的形成，同儿童和青少年审美和道德标准的形成，密不可分地联系在一起。"①他们都强调了将道德教育寓于艺术审美教育之中，充分发挥艺术审美教育"辅翼道德"的教育功能，从而使受教者获得思想品德等方面的教育和启迪，起到"以美储善"的作用。有谁能够怀疑"南京大屠杀"纪念馆的形象和空间能给受教者强烈的爱国主义教育作用呢？

（2）建筑艺术教育陶冶情操、净化心灵的功能

建筑艺术教育从本质上讲是一种情感教育。通过这种教育，不但可以丰富受教者的情感，而且还可以帮助他们培养和发扬积极、健康的情感，抑制和克服消极、邪恶的情感。受教者在设身处地的体验和潜移默化中，情感得到升华，情操得到陶冶，心灵得到净化，人格趋于完善。苏霍姆林斯基指出，艺术教育通过"美感帮助学生认识个人的道德尊严、净化自己的心灵，培养道德信念。"②坐落在天安门广场中央的人民英雄纪念碑，以它无形的力量陶冶着千千万万青少年学生的心灵；圆明园遗址的断墙残壁成

为无可替代的爱国主义教育基地。这都无可争辩地说明建筑艺术教育的感化教育功能。

（3）建筑艺术教育的内化品质、走向自由的功能

对建筑艺术教育而言，由道德认知转化为道德行为，由服从"他律"转化为"自律"，需要该类艺术教育的中介作用。在对建筑艺术作品意象的关照和领悟中实现情操的陶冶和心灵的塑造。建筑艺术教育使受教者的感性情欲、情感得到感发并进而受到净化，也使受教者的理性复归感性，受到感性的滋养。它是以感性化的意象冲击受教者的视觉和心灵，使之在感动、共鸣的状态中吸纳作品中蕴含着的道德因素，无声无息、潜移默化地进入受教者的心灵深处，从认知到体验，从入脑到入心，凝聚、积淀为个

① 苏霍姆林斯基：《帕夫雷什中学》，教育科学出版社1983年版，第248—249页。
② 李范编：《苏霍姆林斯基论美育》，湖南人民出版社1984年版，第19页。

体内在的"善"或"道德自律"。建筑艺术教育将道德意识、道德认知转化为自觉的合目性的活动，是对道德走向自由的一种催化和推动。

建筑艺术教育为什么具有如此重要的德育功能呢？其深刻的机制究竟是什么呢？这就是自由审美可以导向自由意志。李泽厚说："自由审美可以成为自由直观（认知）、自由意志（道德）的钥匙。"①建筑艺术教育实际上是美感教育，而美感作为自由感受具有自由意志的因素并且是通向自由意志的桥梁。受教者恰恰是在自由感受的审美境界实现道德自由亦即意志选择的自由。在自由审美情境中，受教者就可以抑制感性欲求，"破人我之见，去利害得失之计较"②，形成并保持自身的尊严和高尚的人格，必要时能够"舍生取义"，"视死如归"。正是这个潜在的超道德的审美境界引发造成能跨越生死、不计利害的道德实现的可能性。

从教育实践中不难发现，道德教育（即德育）本身存在着一系列矛盾，诸如道德认识与道德行为的矛盾，道德他律与个体自律的矛盾等等。这些矛盾的解决都有赖于审美情感为中介来发挥其调节、催化和推动作用。建筑艺术教育之所以有"储善"的功能，就是因为情感活动在审美结构与伦理结构之间作为一种信息通道把二者联系了起来，并由于审美结构的逐步完善，影响伦理结构及其表现的道德规范导向自由意志。建筑艺术教育正是借由审美媒介引发的情感活动作为连接伦理结构的渠道和中介，使审美情感成为一种行为动力的。列维·史密斯说："艺术体验将情感凝结为实际意义上的美德模式。"③

任何一种道德行为总是以道德认识为前提的，但并非有了道德认识就必定有相应的道德行为。只有当道德认识与相应的情感相结合，才会形成理想和信念，并作为一种动力推动道德认识、道德理想和道德信念向道德行为转化。审美情感不是以审美对象

① 《李泽厚哲学美学文选》，湖南人民出版社1985年版，第176页。
② 《中国美学史资料选编》（下册），中华书局1981年版，第462页。
③ 列维·史密斯：《艺术教育：批评的必要性》，四川人民出版社1998年版，第234页。

209

建筑艺术教育的功能

建

筑

9

的物质本体，而是以它的形式所唤起的一种情感发挥作用。它排除对客观对象的物质上的占有欲，却具有精神上的享受性质。在建筑艺术教育的影响下，可以使受教者脱离个体生理欲望和占有欲望的控制而进入一种"超凡脱俗"的境界。在施教者的引导下，受教者将会经历狭隘的日常生活中所经历不到的情感体验。这种情感体验融解着一种对人生价值的领悟，可以使受教者进入一种崇高的精神境界。它一旦在内心巩固下来，就会在各种不同的情境中显示出一种情感的定势力量，就会对道德意志的形成产生一种有选择而又有推动的作用。通过建筑艺术教育对低级情欲的净化，对高级社会性情感的强化，有助于道德教育从道德规范的硬性要求转变为意志自由的培养。在受教者的心理中，道德规范的强制性将越来越弱化，代之而来的是意志选择的自由和人与人之间关系的和谐，道德的他律将日益转化为个体的自律。

概而言之，建筑艺术教育所提供的情感中介，使道德情感与审美情感联系起来，使以道德认知为前提的道德情感体验经过建筑艺术审美情感的中介，化为道德行为，与个体的感性欲求结合和融合，实现人的意志自由。

2.建筑艺术的智育功能

建筑艺术的智育功能又称做"启真功能"。下面就其具体表现及其机制作些讨论。先谈智育功能的具体表现：

（1）增强认知能力

认知能力是认识客观世界获取知识的能力。认识世界，获取知识，不仅可以借助于科学知识教育，而且可以借助艺术教育。建筑艺术教育不但可以使受教者获得审美享受，还可以帮助他们学到大量科学知识。建筑艺术本身就是科技与艺术的融合体，人们经常把它比作形象具体的人类文明的教科书，它是民族的标识、时代的镜子、历史的物质凝聚、人生内容的积淀，它承载着人文科学和自然科学的知识和技能。因此，它能帮助受教者在文化、历史、自然、社会、人生等方面得到丰富的知识。

认识世界，获取知识是凭借理解和记忆能力实现的。理解和记忆能力越强，获取知识也就越多。建筑艺术教育能够培养和增强受教者对对象形象及其意味的直观领悟能力，从而有助于受教者对知识的理解和把握。直观领悟能力又称直觉能力，它是直接迅速领悟和认识对象的一种能力。其特点是直接性（直接观照而不用逻辑推理）、快速性（一瞬间迅速判断对象）、非语言性（只可意会，不可言传）。

建筑艺术教育赋予的伴随着情感的形象的记忆要比抽象的概念的记忆迅速、深刻、牢固、持久得多。在生活中，凡是能令人体验到生动和情感强烈的事物，就容易在头脑中储存下来，有时虽然并未自觉或自觉努力去记忆，但由于印象深刻而被留在记忆中并且终生难忘。

（2）促进智能的开发

科学研究证明，人的智能结构呈金字塔式，按知识、智力、能力划分为三个层次。在这金字塔式的智能结构中，知识是基础，智力是关键，能力是结果，后者是智能结构中最活跃的因素。将知识、智力转化为能力，就可以由少知到多知，由此达彼，触类旁通，由已知的领域进入未知的新领域。

人类的思维通常分为抽象思维和形象思维两种方式。受教者智能的开发，必须从培育形象思维能力开始。从人类认识发展史来考察，形象思维先于抽象思维，它是抽象思维产生的前提和基础。在人类个体成长过程中，思维发展的总趋势是从具体到抽象，从不完善到完善，最终达到智能的充分发展。

从艺术教育对智能发展意义的研究中，阿恩海姆提出了著名的视觉思维概念。他以大量事实证明，视觉并不仅仅是被动地接受，而是在感知的同时具有分析、综合、补充、概括等积极思维形式的组织活动，这种思维就是视知觉意象思维。建筑艺术就是意象思维的产物，又是训练意象思维的最佳途径之一。"思维需要意象，意象中又包含着思维。因此，包含意象的视觉艺术乃是视觉思维的故土。"[①]这片"故土"对于沟通感性与理性，增强智能活力，促进认识能力的发展具有重要意义。里德也得出结论："人

---

① 阿恩海姆：《视觉思维》，光明日报出版社1986年版，第372页。

的个体意识，尤其是智力和判断力是以审美教育——各种感受力的教育——为基础的。"①

（3）有助于创造力的发展

建筑艺术教育与其他艺术教育一样，对培养和增强创造能力具有重要作用。阿恩海姆说：应当使"那些教育家和学校的管理者们懂得，艺术是增加感知力的最强有力的手段，没有这种感知力，任何一个研究领域的创造性思维都不可能"。②我国学者李泽厚阐述过审美和艺术可以开启创造力和科学发现的见解。他说："对客观合规律性与主体合目的性相统一的主体感受可能是开启对客观规律的科学发现的强有力的途径，例如对类比、同构、相似等强烈敏感、直观选择和自由感受便是与科学的真有关的。自由并非任意，美学和艺术中享有的自由正是科学中可以依靠和借用的钥匙和拐杖。"③

爱因斯坦主张科学和美学、科学和艺术联姻，在他那里，科学和艺术是浑然一体的。他在科学上的巨大成就，与他对艺术的追求以及高度的审美能力是分不开的。他在总结自己成功的"秘诀"时写下的那个著名公式，即 A（成功）＝ X（工作）＋ Y（艺术）＋ Z（不说空话），就很能说明问题。与爱因斯坦同时代的霍夫曼教授称赞他的研究方法"在本质上是美学的、直觉的。……我们可以说，他是科学家，更是一个科学的艺术家。"④

建筑艺术教育何以有这样的智育功能呢？其生理和心理机制是什么呢？下面分别加以讨论。

第一，智育功能的生理机制。

美国现代神经生理学家、诺贝尔生理学医学奖获得者斯佩里等科学家的研究成果告诉我们：人脑是完整的有机系统的组织，其左右两半球既有明确的分工而又有相互密切配合。大脑左半球

---

① H.里德：《寓教育于艺术》第1章。
② 阿恩海姆：《视觉思维》，光明日报出版社1986年版，第44页。
③ 《李泽厚哲学美学文选》湖南人民出版社1985年版，第171页。
④ 《纪念爱因斯坦文集》，上海科技出版社1979年版，第229页。

控制右侧肌体的感觉和运动，是处理语言、数理概念信息、进行抽象思维和分析整理评价的中心，可称做"理性的脑"；右半球控制着左侧机体的感觉和运动，主要担负图形识别、音乐与色彩感知、空间想象和接受其他非语言信息，即侧重于视觉、听觉的形象思维的职能，可称做"艺术的脑"。在两半球之间被由两亿条神经纤维组成的胼体联结起来，使二者息息相通，相互补充。建筑艺术教育能充分调动"艺术的脑"的积极性，又可补偿"理性的脑"的机能。它将形象思维与抽象思维有机地结合起来，使人脑左右半球得到平衡协调的发展。这样，就能充分发挥大脑的潜能，完善人的智能结构。

根据爱因斯坦的体验，他在思考和解决一个新颖的问题时，大体分为两个思维阶段。在第一个阶段，充分发挥右脑的直觉灵活性和把握形象的优势职能，这种用视觉、听觉和动觉形式触发的想象能力是创造性思维的关键。在右脑找到解决问题获得突破的基本思路后，左脑开始参与整理和评价，运用语言把思路概括成概念，并以明确的概念的形式表达出来。

大脑皮质的活动表现为兴奋与抑制的转换过程。如果左半球长时间处于兴奋状态，就会引起疲劳而转化为抑制，受教者学习效率和创造能力就会降低。如果在紧张的学习和钻研之后转换一下兴奋中心，浏览观赏一下形象的建筑艺术作品，使左半球大脑皮质迅速进入抑制状态，从而得到必要的休整，就会大大提高学习效率和创造能力。

第二，智育功能的心理机制。

智育功能的心理机制首先在于建筑艺术教育作为形象直观教育，易于引发受教者浓厚的学习兴趣，从而集中注意力，调动起学习的积极性、主动性。爱因斯坦说："喜爱比责任感是更好的教师"。"教育应当使所接受的东西让学生作为一种良好的礼物来接受，而不是作为一种艰苦的任务要他去负担。"[①]建筑艺术教育以自由直观代替抽象思维模式，可以缓解理论知识的刻板性，使受

① 转引自赵洪恩、辛鹤江：《艺术美育》，河北美术出版社1988年版，第13、15页。

建筑艺术教育的功能

教者乐于受教，也便于理解和记忆，从而增强理论知识的可接受性。

其次，智育功能的心理机制还在于，建筑艺术教育作为情感教育能够牵动受教者的理智感，激起他们对真理的追求。列宁说："没有人的情感，就从来没有，也不可能有对真理的追求"。①美感可以使思维方式得到调节，处于最佳状态的心绪和情感，最易激起敏锐的创造灵感，触发和把握创造的契机。怀疑感、自信感、惊异感都属于理智感。怀疑是打破迷信的力量，是新知识、新能力的生长点。自信是智能结构中的一种可贵的肯定的个性品质，它为创造提供心理能量。由审美体验引起的惊异感，有利于情感中枢内涵丰富而活跃，并为大脑皮层中的想象和思维功能增强活力，从而成为追求真理和发明创造的动力。

再次，智育功能最重要的心理机制就在于，建筑艺术教育是培养和训练想象力的最佳途径之一。想象力是创造力的灵魂，没有想象力就不会有创造力。建筑艺术教育把受教者经常带入想象世界之中，使想象力不断丰富活跃起来，进而调动表象储存，进行重新组合，构成现实中所没有的新意象，从而使智能得到开发，创造力得到发展。黑格尔说："真正的创造就是艺术想象的活动。"②事实上，科学结论产生之前的瞬间，推理活动是借助于意象活动进行的；科学结论不过是对各种意象碰撞、筛选、联系和组合的产物。

最后，智育功能的心理机制还在于，建筑艺术教育作为形象思维的教育，能够培养受教者的直观领悟能力，亦即直觉能力。这种心理能力在艺术创造中通常被称为灵感，在科学创造上通常被称为顿悟。爱因斯坦说："我相信直觉和灵感。"③直觉思维是在创造活动中经过长期紧张深入的思索，在无意中受到某种信息刺激的启示，意识中突然闪现出的疑难被突破的创造性思维形式。

---

① 《列宁全集》第20卷，第256页。
② 黑格尔：《美学》第1卷，商务印书馆1979年，第284页。
③ 转引自李丕显：《审美教育概论》，青岛海洋大学出版社1991年版，第209页。

它是"长期积累，偶然得之"的，似有"踏破铁鞋无觅处，得来全不费功夫"之神奇。它在创造中就像突然闪现的照亮迷津的火花，使人在昏暗迷茫中豁然开朗起来。就如王国维借用辛弃疾词的名句所表达的："众里寻他千百度，蓦然回首，那人却在，灯火阑珊处"①那种境界。其实，自由审美和科学直观是相通的，它们都是在感性直观中的想象和理解的和谐运动时产生和存在的，这就是自由审美所以成为自由直观的钥匙的内在心理原因。

3.建筑艺术教育的体育功能

建筑艺术教育的体育功能亦称"健体功能"。建筑艺术教育以审美为中介使受教者获得情感愉快，从而增进身心健康。下面分述健体功能的表现及其机制。先说健体功能的表现：

（1）建筑艺术教育可以增进受教者的身体健康，塑造健美形体

建筑艺术教育是美感教育，美感是一种愉快的心理感受，愉快的心理感受大大有助于增强身体健康。巴甫洛夫说：愉快可以促进人体的健康发展。马克思也曾说过："一种美好的心情，比十副良药更能解除生理上的疲惫和痛楚。"②建筑艺术教育还有助于塑造受教者的健美形体。艺术的范型是内在自由和谐，体育的基本精神是人体自由、和谐、均衡地成长。建筑艺术教育与身体的自由均衡发展，与体态、动作、行为的自由和谐发展是密切相关的。健康的体质与匀称和谐的形体历来是体育的目标。古希腊人早就懂得这个道理并按照美的规律进行锻炼和训练，致使他们的身体有如雕像一样的健美。

（2）建筑艺术教育可以增进受教者的心理健康，完善他们的个性品质

个体的心理健康常常被人们所忽视。随着现代社会竞争的加剧、社会关系的日益复杂、生活压力的加重以及自我调适能力的限制，人们的心理健康正在承受着严峻的考验并已成为不容忽视的社会问题，因此，提高受教者的心理健康素质越来越显得重要

215

建筑艺术教育的功能

---

① 王国维：《人间词话》。

② 转引自赵洪恩、辛鹤江：《艺术美育》，河北美术出版社1988年版，第16—17页。

和迫切。而建筑艺术教育在提高受教者心理素质方面的作用是显而易见的。一是它能促进个体心理活动与社会环境的协调；二是它能促进个体心理活动与生理特征的协调；三是它能促进个体心理活动内部各成分之间的协调。上述种种协调能力的增进，就意味着心理承受能力的增强和心理健康素质的提高。

建筑艺术教育对完善受教者的个性品质也具有重要作用。建筑艺术教育能使人在美的环境中产生幸福感、自豪感和对美好未来的追求；能使受教者性格开朗、精神饱满、活力旺盛、情绪稳定、意志坚强；能使受教者的气质和风度高雅大方，保持鲜明的个性，形成完美的人格。

建筑艺术教育为什么能有上述"健体功能"呢？其内在机制是什么呢？

首先，建筑艺术教育之所以具有增进身体健康的功能，是由于这种教育伴生的审美愉悦使人心情舒畅、肌肉放松、心律舒缓、血压平稳、机能协调，促进有益于健康的唾液、胆汁等生物、化学物质分泌，消除各种有害健康因素的困扰，从而增强体质、体能，提高健康水平。

其次，建筑艺术教育有助于塑造健美形体的机制在于以审美情感为中心的多种心理功能的和谐活动对人体结构和身体运动形式的和谐的调控，即内部心理和谐对外部形体动作和谐的调控。

再次，建筑艺术教育之所以具有增进受教者心理健康的功能，一是建筑艺术可以消除大脑的高度紧张和疲劳，使大脑各部位的兴奋和抑制有序交替出现，从而有助于脑机能的平衡健康发展；二是建筑艺术可以使受教者宣泄情感，疏导情绪，排解压力，使心理得到平衡。

最后，从更深层意义上说，建筑艺术教育旨在塑造的审美心理结构寓于人的体质结构，或者说，生理或体质结构是审美心理结构的物质基础。人的生理结构也就是生命结构。阿恩海姆认为，生命和艺术具有同形同构的特征。建筑艺术教育的进行和深化必然有助于生命结构和生命质量从身体到精神的优化，最终达到自由与和谐。

第十章　建筑艺术教育的
效应和价值系统

　　建筑艺术教育的功能实现的目的和结果，是艺术教育效益和效应的发挥以及意义和价值的体现。建筑艺术教育的效应和价值的实现，不是一朝一夕、一蹴而就的事情，而是一个自觉追求、潜移默化、长期渐进的过程。在这个过程中，使建筑艺术教育媒介发挥积极的作用和效能，其所导致的结果、反应和意义，就是艺术教育的效应和价值。

　　全面而深入地考察建筑艺术教育的效应和价值，是一项很有意义的工作。充分认识建筑艺术教育的效应和价值，有助于建筑艺术教育的有效开展和健康发展，有助于个体全面素质的提高和整个社会的文明、进步与和谐。

一、建筑艺术教育的效应

效应是功能的落实，表现为成果、效益等。建筑艺术教育的各种功能终将落实为相应的效应。建筑艺术教育的效应可分为个体效应和社会（群体）效应，下面分别加以讨论。

1.建筑艺术教育的个体效应

建筑艺术教育的个体效应是指建筑艺术教育的全部功能、价值落实于个体的全面素质的发展和提高。"艺术教育审美效应落实在个体身体和心理能力与境界方面，与非审美效应落实在个体认识经验、理念价值和实践操作方面共同构成个体全面素质的发展。"①

（1）给予受教者知识和能力

建筑艺术教育可以为受教者开拓一个广阔的空间，在这个空间里享受知识和文化的滋养。建筑艺术是木石写成的历史，也是社会生活的百科全书，它既是特定时代审美意识的结晶，又是文化器物、生活环境等以意象形式的存在。建筑艺术教育给予受教者的知识文化，包括历史、考古、民族、风俗、宗教、伦理、政治、军事等诸多方面。如埃及金字塔、罗马大斗兽场可以给受教者以奴隶社会的真切历史；万里长城可以给受教者以中国各封建王朝防御战争的实物材料；索非亚大教堂或圣彼得大教堂可以给受教者以鲜活的宗教知识……。建筑艺术凝结着历史、生活的时间和情境，它比单纯的历史、生活、宗教、社会的知识教育更有意义，它是在丰富的现实情境中，以意象形式使受教者去感受、体验、认识。这些以意象形式存在的知识和经验，成为受教者知识结构的组成部分，同时，又是形成能力的基础。

建筑艺术教育对能力的培养和促进，表现为受教者对形式的自由观照和把握创造能力的形成和提高。通过建筑艺术教育，可以"使受教者对客体的自由观照能力得到提高，知识文化得到丰富，为自由创造增加经验储备；也使受教者对审美客体的自由式

218

---

① 杨恩寰、梅宝树：《艺术学·总序》，人民出版社2001年版，第5页。

把握（含认识）能力得以提高"。①

（2）培养受教者人生理想、道德观念

建筑艺术教育含蕴着道德理想、人生价值观教育，它以意象的形式向受教者提供人生经验、知识文化，都超越了个体私欲的层次。建筑艺术教育在意象形式中，使受教者和作品的情境打交道，其个体性私欲情感、观念受到人生理想、信念的整理、规范、提升，把欲求形式化、规范化，使它趋向普遍的伦理精神，改变受教者的人生价值观念。建筑艺术教育在情感生活模式所投射的时空形式中，使受教者得到超越官能需要的一次次"冲洗"，以理性精神渗入感性情感，对个体情欲约束、调节，从而建构起超越性的伦理精神和理想的人生价值观。

建筑艺术教育所依托的审美是超越功利的，它在给人带来精神愉悦的同时，也改变着人生态度。当受教者步入并沉醉于建筑艺术的美妙境界时，对待人生的态度也会变得超脱起来。有了这种态度，便不再为单纯的功利目的所左右，而以生活实践和劳动创造本身为乐趣，摆脱一切焦虑和烦恼，追求一种自由的人生。达到审美的超越境界，就会"物我两忘"、"天人合一"，实际是对作为宇宙人生的永恒追求，是超越人的有限的个体存在，去达到生命的终极意义，是真正自由的个性。当受教者的人生理想超越自我，进入这样一个境界，就不会为世俗所累，就会追求真正自觉自由的人生，并把心灵中实现的自由，化为现实的物质力量，去创造现实的自由生活。

（3）塑造受教者完美人格

建筑艺术教育的个体综合效应，就在于培养和提高包括审美素质在内的全面素质，实现人格的完善。

早在200多年前，德国美学家席勒就从人道主义理想出发，提出了包括建筑艺术教育在内的美育在人格（他称为人性）完善中至关重要的作用。在他看来，人格的完善要通过"感性的人"向"理性的人"的提升来实现，而审美则是从"感性的人"通向"理

建筑艺术教育的效应和 价值系统

建筑10

---

① 贺志朴、姜敏：《艺术教育学》，人民出版社2001年版，第143页。

性的人"的"不可缺少的桥梁"。他说:"要使感性的人成为理性的人,除了首先使他成为审美的人,没有其他途径。"①席勒的理论无疑带有空想的性质,然而他肯定了审美在人格完善中的重要作用,则是难能可贵的。

完善的人格是全面教育的产物。在全面教育过程中,作为艺术教育分支的建筑艺术教育,不仅弥补了其他教育的缺憾,而且常常以其整体的综合性影响全面素质。前苏联美学家鲍列夫说:"如果说社会意识的其他形式的教育作用具有局部性的话(例如,道德形成的是道德规范,政治形成的是政治观点,哲学形成的是世界观,科学把人造就成专家),那么艺术则对智慧和心灵产生综合性的影响,艺术的影响可以触及人的精神的任何一个角度,艺术造成完整的个性。"②可见,作为艺术教育分支的建筑艺术教育,对人格的塑造能产生整体而全面的效应。建筑艺术教育对受教者心灵所产生的潜移默化的深刻而长远的影响,又成为人格不断趋于完善的坚实基础和长久动力,其结果是使受教者的人格越来越完善。因为心灵不仅体现着人格的基本状况,也直接促进着一个人完美人格的形成。建筑艺术教育在人格完善方面的效应即是建立在这个基础上的。

220

建筑艺术教育之所以具有这样的效应,首先由于这种教育具有完整性与和谐性的特点,它以直观形象的丰富性培育着受教者的有机的、整体的反应能力,使受教者的心灵在形式感受、意义领悟和价值体验中达到一种和谐而自由的状态。在这种状态中,受教者的各种能力都得到协调发展而不损害有机统一的整体,从而促进人格的完善。正如德国哲学家卡西尔所说:"正是审美经验的这一特性,才使艺术成为人文教育体系的一个不可分离的组成部分。艺术是一条通向自由之路,是人类心智解放的过程,而人类心智的解放则又是一切教育的真正的终极目标。"③其次由于这

① 席勒:《美育书简》,文联出版公司1994年版,第116页。
② 转引自韩盼山:《书法艺术教育》,人民出版社2001年版,第247页。
③ 转引自徐恒醇:《大学生审美导论·序》,天津人民出版社1996年版,第1页。

种教育具有感性与理性、情感与理智相融性的特点，它通过对感性形式的直观，达到对其中蕴涵着的意味的领悟和把握，从而开启受教者的创造能力；同时通过陶冶性情，净化情感欲念，把情感与理智的沟通融入受教者的价值取向、意志抉择和行为动机的取舍之中，从而使受教者高尚起来，并给受教者的理性世界带来灵性和感染力，使科学精神与人文精神结合在一起，成为促进人格完善的强大力量。

2. 建筑艺术教育的社会（群体）效应

建筑艺术直接影响着人类的生活方式，也规范着人们的生活行为。建筑艺术教育通过个体效应，对社会的文明与进步产生着重要的推动作用。这种社会（群体）效应主要包括调节人与自然的关系，美化人的生活环境；调节人际关系，促进精神文明建设；实现技术与艺术结合，促进物质文明建设等等。

（1）调节人与自然的关系，美化人的生活环境

人的生存和发展离不开环境，但并不是消极被动地依赖和适应既有环境，而是在不断地创造和美化环境，以便更好地满足自身生存和发展的需要。环境与人之间的关系是互动的。环境对人有相当大的影响，反过来，人同样可以在创造和美化环境的实践中起着能动而积极的巨大作用。马克思说："环境的改变和人的活动的一致，只能被看做并合理地理解为革命实践。"[①]

建筑艺术教育培养和涵育人与自然的亲切情感。西方现象学美学家杜夫海纳批判技术的强暴性，力倡美和艺术对人与自然的统一的意义。作为技术与艺术相融汇的建筑艺术，对促进人与自然的统一具有重要作用。美国建筑大师赖特提出"有机建筑"的概念，强调建筑应当像植物一样成为大地的一个基本和谐的要素而从属于自然。每座建筑都是特定的地点、特定的目的、特定的自然和物质条件以及特定的文化的产物。他特别强调建筑与环境的联系，主张建筑与大自然的和谐统一。

建筑艺术教育的效应和　价值系统

建筑

筑
10

---

① 《马克思恩格斯选集》第 1 卷，人民出版社 1972 年版，第 17 页。

人与自然本来是统一的，这就是中国传统哲学所说的"天人合一"。随着技术的进步和人对自然的改造，这种原初的统一遭到割裂。通过实施建筑艺术教育，可以使这种遭到割裂的原初统一得以重建。"人们接触大自然时突然兴起的审美态度可以说是人与自然这种原初连续的无意识重建，而艺术则是人类有意识地保持和重建人与自然的原初连续的一种形式。艺术借助其物质性的自然媒介恢复我们同自然的原初连续。"①这种原初连续就是原初统一。艺术和审美对重建和恢复原初统一，确有不可忽视的重要作用。艺术教育，特别是建筑艺术教育，能使受教者从个体性的需要、情感中超脱出来，以普遍性的同情来对待自然，而不是单方面的对自然的改造和索取，这无疑有利于人与自然的和谐。

（2）调节人际关系，促进精神文明建设

建筑艺术教育对调节人际关系，沟通人们的心灵，使人与人之间的关系和谐有序，起着重要的作用。

建筑艺术教育培养自由超越的人生态度，能使人很顺畅地融入群体。建筑艺术能够成为一种超越任何个体的中介物，能使不同的个体相互认同，进而发自内心地自觉自愿地聚合为群体，并在这个群体中和谐地相处。瑞士心理学家荣格说："只有在艺术中，人们才理解到一种允许所有的人都去交流他们情感的韵律，从而使人结合成一个整体。"②

建筑艺术教育有助于人类个体的相互沟通，达到心理上的一致。艺术，特别是建筑艺术，是个体通往群体的中介物。"艺术教育使受教者意识到人类在情感生活上的相通和一致，通过艺术品使个体理解他人的内心生活，在共同体验的情况下，使自己的自我和他人的自我的界限在情感中消失，使一个精神的存在和另一个精神的存在一致起来。因而可以说，一旦介入艺术，就表明个体踏上了通往他人、通往群体和全人类心灵的道路。"③

---

① 叶朗：《现代美学体系》，北京大学出版社1998年版，第180页。

② 转引自韩盼山：《书法艺术教育》，人民出版社2001年版，第251页。

③ 贺志朴、姜敏：《艺术教育学》，人民出版社2001年版，第153页。

建筑艺术教育可以使受教者的情操得到陶冶，心灵得到净化，品德素质得到提高，不断开掘和培养人性中那些真诚、善良、美好的东西，在与他人的交往中，能够做到肝胆相照、心心相印。这为形成和谐的人际关系奠定重要基础。

建筑艺术教育还有助于实现高科技与人们情感心理的协调与平衡，可以避免技术与艺术的对立、人际情感的疏远；使受教者在社会实体系统中避免技术因素的压迫和损害，使情感心理达到和谐统一，并得到合乎人性的自由而全面的发展，从而促进社会不断走向文明与进步。

（3）实现技术与艺术结合，促进物质文明建设

建筑艺术教育不仅能够促进精神文明建设，而且有助于创造物质文明。建筑艺术教育能够培养受教者自由创造形式的能力。有了这种能力，就能创造出一个虚幻而又真实的审美世界。美学家杨恩寰说："具有这种自由观照和创造形式的审美能力，特别是具有自由创造形式的能力，主体可以创造一个想象的审美世界，更为重要的是主体可以把这种审美的自由创造形式的能力融入并转化为改造社会和自然的物质造形活动，创造一个现实的物化的审美文化世界，从而去实际鼓舞和推动人类文明进程。"[①]

建筑艺术教育推动了技术与艺术的结合。19世纪英国建筑师威廉·莫里斯成为技术与艺术结合而产生的技术美学的先驱者。20世纪初，"包豪斯"学校的组织者和领导者、建筑大师瓦尔特·格罗匹乌斯主张建筑师、美术家和工艺师一起工作，去"设计和创造新的未来大厦，把建筑、雕塑和绘画包容在一个整体之中，有朝一日从千百万工匠手中创造出来的艺术体将指向天国。"[②]他还提出经济、实用、美观三者相统一的设计思想。技术美学中的"迪扎因"（Design）一词便表现了现代工业设计理论的基本和核心的思想。其目的是为创造具有高度审美价值的产品提出理想的、可行的设计方案，是为产品寻找适当的、具有审美表现力的形式，

223

建筑艺术教育的效应和价值系统

建筑

筑

10

---

① 杨恩寰：《审美与人生》，辽宁大学出版社1998年版，第112页。

② 转引自顾建华、张占国：《美学与美育词典》，学苑出版社1999年版，第342页。

以适应现代社会生活的需要。它把艺术和审美因素渗入对实用品的设计和创造中，产生审美和实用相统一的物质产品，使制作者在愉快的创造中获得美的享受，使消费者通过使用产品而参与审美，在得到物质满足的同时获得精神的满足。

就建筑艺术设计而言，各类建筑物应在满足实用功能的前提下尽可能讲究艺术和审美，使之成为能够满足人们审美要求的艺术品。前些年，人们对各地住宅建筑普遍提出批评，千篇一律的"豆腐干"或"火柴盒"似的楼群，有人戏称是建筑师"下军棋"，给人以单调、乏味的感受，而楼群之间空间狭小，令人窒息。这种单纯为解决住房紧张而忽视建筑艺术审美需要的做法是不足取的。而有些发达国家，同样存在人口多、空地少的矛盾，但并没有影响建筑艺术美，而是因地制宜，创造了不少很有审美价值的建筑艺术品。例如在柏林，有的建筑师在高楼的外墙上设计制作具有强烈透视功能的几何图形，使人产生视错觉，误以为建筑物"凹入"，从而在拥挤的楼群中"挖"出一片"空间"，消除人们对楼群的拥挤感和压迫感。

建筑艺术教育的效应，不仅是使受教者的艺术设计能力得到提高、转化为物质创造的力量、对社会物质文明建设发挥重要作用，而且还能使全社会范围内广大公众的艺术和审美品味得到提高，创造出追求情感满足和艺术品味的高水平、高素质的消费者，使创造和消费产生互动作用。正如马克思所说："生产不仅为主体生产对象，而且也为对象生产主体"。"艺术对象创造出懂得艺术和欣赏美的大众。"①这样，构成一种良性运行的态势，促进物质文明的发展。

总而言之，建筑艺术教育的效应与一般艺术教育一样，既落实为个体效应，又落实为群体效应。"艺术教育审美效应落实在个体素质的陶冶和塑造，使个体素质走向全面协调而自由的发展；落实在群体素质的陶冶与建构，使社会群体和谐有序而自由的发

---

① 《马克思恩格斯选集》第2卷，人民出版社1972年版，第95页。

展，从而促进社会文明的建设和提高。"①建筑艺术教育的个体效应与群体效应是相互关联、相辅相成、辩证统一的。个体是群体中的个体；群体是个体组成的群体。个体素质的高低直接影响群体素质的状况；反过来，群体素质的水平也直接影响个体素质的发展。可以说，个体效应是群体效应的基础；群体效应是个体效应的条件。因此，应将二者有机结合起来，最大限度地发挥其综合效应，以促进人们文明水平的提高与社会的进步和发展。

二、建筑艺术教育的价值系统

建筑艺术教育的价值系统，实际上是指建筑艺术教育的功能和效应在各个相关领域的积极作用和意义的总称，是建筑艺术教育的功能和效应的延伸。建筑艺术教育具有多方面的价值，这里分人文价值和科技价值两类进行讨论。

1.人文价值

建筑可以说是民族的标识、时代的镜子、历史的沉淀、宗教的载体、政治的记录、伦理的物化……它蕴藏着丰富的人文精神，展现了人类进步的历史轨迹和文化传统的沿革。看看埃及金字塔、希腊巴提侬神庙、罗马斗兽场，登上中国的长城，走进兵马俑博物馆和明清故宫，置身其间，将会得到诸多人文精神的体味和教益。它们承载着历史的、宗教的、政治的、伦理的文化信息，成为人类文明演进的见证。

（1）历史认识价值

建筑艺术教育具有不可替代的历史认识价值。人类发展的不同历史阶段，会出现不同的建筑。建筑是人类历史的一种特定的物质存在形式。在西方，人们常把建筑说成是"石头的史书"，"阅读"这部石头（或木头）制作的史书，就能了解各个时代的历史。鲍列夫说："人们惯于把建筑称做是世界的编年史，当歌曲和传说都已沉寂，已无任何东西能使人们回想一去不返的古代民族时，

225

---

① 杨恩寰、梅宝树：《艺术学·总序》，人民出版社2001年版，第7页。

只有建筑还在说话。"①法国伟大作家雨果称赞巴黎圣母院是"巨大的石头交响乐",它的每一个面、每一块石头,"都不仅是我们国家历史的一页,并且也是科学和文化史的一页。"②俄国伟大作家果戈理认为建筑是世界的通鉴,当其他艺术和传统缄默了的时候,而它还在讲述着一切!

人类发展的不同历史阶段,会出现不同的建筑。因此,不同时期的建筑不但会体现一定时代的物质生产水平、政治经济状况,而且还是一定民族、一定阶级、一定社会精神文化的反映。人们要"阅读"这部石头的史书,就会了解各个时代的历史。意大利的布鲁诺·赛维在评论建筑艺术的时代精神时用简明的方式指出:"埃及式=敬畏的时代,那时的人致力于保护尸体,不然就不能求得复活;希腊式=优美时代,象征热情激荡中的沉思安息;罗马式=武力与豪华的时代;文艺复兴式=雅致的时代,各种复兴式=回忆的时代。"③布鲁·赛维论述的一些具体结论虽然可以商榷,但它却有力地说明了建筑艺术是石头写成的历史,是时代精神的一面镜子,是人们通览人类文化史、文明史的一部形象的综合的历史"文献"。

的确,建筑就是一本人类历史文明的教科书,人们在建筑中也就进入到人类历史的演变中。它不仅是一个时代、一个民族、一个地区的纪念物,而且也是人类自身成长与发展的见证。人类古老文明虽然离我们远去,我们已难以看到甚至难以想象当时的一切,但我们可以借助于遗存下来的建筑物去读懂它们。希腊的神庙、罗马的广场、中国的长城、非洲的村寨,遍布世界各地的古城堡、古街区、古教堂、古寺塔、古庙宇,虽然在建造它们时,并不是作为专门的纪念建筑,但是随着日月流逝、沧海桑田,今天我们在面对它们时,它们就成了历史发展的纪念物。我们观赏它们时,它们所蕴涵的丰富的历史文化意味,就不能不激发我们

---

① 鲍列夫:《美学》,上海译文出版社1988年版,第415页。
② 转引自李丕显:《审美教育概论》,青岛海洋大学出版社1999年版,第227页。
③ 布鲁·赛维:《建筑空间论》,见《建筑师》1981年第7期,第178页。

强烈的兴趣，从中带给我们不可估量的教益。这些建筑是人类文明的宝贵遗产，它们不仅是历史文化信息的可靠载体，而且它们本身就在述说着历史，述说着人类的文明，述说着曾经发生过的一切。

总之，建筑是人类创造的最值得自豪的文明成果之一。历史长河"逝者如斯"，但各个时代的政治、经济制度、社会面貌、思想感情，却书写在这部石头的历史上，人们通过这部"史书"，可以认识各个时代的社会生活、风神情调、审美意识。

(2) 宗教文化的价值

建筑艺术教育的宗教文化价值也很突出。宗教建筑是宗教文化的重要载体，它本身既是宗教崇拜的产物或物化形态，又是信徒寄托宗教情感、巩固宗教信仰的物质手段。

欧洲中世纪可说是宗教建筑最盛行的时代。中世纪的宗教建筑大体分属于两个建筑艺术体系。东欧的拜占庭建筑以穹顶为结构形式，以集中的体量显示壮丽的气势，体现教会无与伦比的精神控制力；西欧的"罗马式"建筑以拱顶和束柱为结构语言，外形犹如坚固的城堡，显示出教会不可动摇的权威。后来出现的"哥特式"建筑则以直升的束柱线条，奇诡的空间变化，轻巧玲珑的雕饰，以及色彩斑斓的镶嵌玻璃，营造了一个"非人间"的虚幻境界；挺拔高耸的尖塔形成腾飞的动势，把人们的意念带向神秘的天国，象征着无限接近上帝的宗教情感。

中世纪哥特式教堂风行欧洲，法国巴黎圣母院、亚眠大教堂、德国科隆大教堂等是典型的代表。教堂外部以高大的钟楼、林立的尖塔、透空的飞券、垂直线条的雕刻组成，给人以轻盈升腾的幻觉，仿佛与上帝接近，引发一种虚无飘渺的天国之情。当阳光透过彩色玻璃窗射入教堂内部时，整座教堂便沐浴在五彩缤纷的光色之中，信徒置身其中，便会产生恍入天堂之感，对上帝的崇拜之情油然而生。哥特式教堂通过它独特的空间构成，象征性地表现了当时人们对上帝的崇拜，对天国的向往，对人生的轻视。它鲜明地体现了超脱尘世飞升天国的宗教意识，集中反映了当时的宗教观念，是当时神权统治、宗教盛行的时代产物。

建筑艺术教育的效应和

价值系统

建筑

10

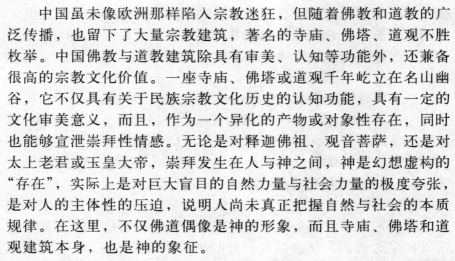

中国虽未像欧洲那样陷入宗教迷狂，但随着佛教和道教的广泛传播，也留下了大量宗教建筑，著名的寺庙、佛塔、道观不胜枚举。中国佛教与道教建筑除具有审美、认知等功能外，还兼备很高的宗教文化价值。一座寺庙、佛塔或道观千年屹立在名山幽谷，它不仅具有关于民族宗教文化历史的认知功能，具有一定的文化审美意义，而且，作为一个异化的产物或对象性存在，同时也能够宣泄崇拜性情感。无论是对释迦佛祖、观音菩萨，还是对太上老君或玉皇大帝，崇拜发生在人与神之间，神是幻想虚构的"存在"，实际上是对巨大盲目的自然力量与社会力量的极度夸张，是对人的主体性的压迫，说明人尚未真正把握自然与社会的本质规律。在这里，不仅佛道偶像是神的形象，而且寺庙、佛塔和道观建筑本身，也是神的象征。

宗教建筑作为文化而言，对受教者的情感有着明显的陶冶作用。中国有句俗话："天下名山僧占多"，僧人道士们在建筑庙宇、寺院、宫观时，往往选择名山大川、风景秀丽之地。巍峨雄伟的佛塔、庄严幽深的庙宇、宫观，瑰丽的壁画，精美的塑像，给人以强烈的吸引力。晨钟暮鼓，发人遐想；悠扬祷声，引人向往。来到宗教圣地，仿佛脱离了尘世间的一切喧嚣和烦恼，不由得产生一种虔诚的"涤罪"之感，情感得到超越和升华，从而达到巩固宗教信仰的目的。上世纪20年代，蔡元培先生提倡以美育代宗教，就是主张美育应像宗教一样善于将人们爱美之常情，通过艺术和美的感染、诱发、熏陶，达到"动情"、"移情"，净化情感的功效。

(3) 政治伦理价值

建筑艺术教育的政治伦理价值也是毋庸置疑的。建筑作为用木与石写就的历史教科书，对不同时代的政治状况和伦理秩序做出了令人难以置信的清楚解答。

例如，古埃及以金字塔为代表的陵墓建筑，受原始拜物教的影响很大。早期法老们也就利用了这种原始拜物教，为至高无上的皇权服务。他们役使成千上万的奴隶在尼罗河下游三角洲大片金黄色的沙漠之上修筑了宏伟、壮阔、崇高、神秘的金字塔群，以此充分渲染了法老超人的权威和稳固的统治。又如，17世纪法国路易十四统治时期的建筑，标榜皇权高于一切，是"朕即国家"的绝对君权的忠实写照。与此相适应，在建筑上采用了古典主义风格，以古罗马的柱列和拱门为形式特征，强调轴线对称、突出主体、主次分明和有层次感，排除一切地方的、民族的特点。室内装饰则金碧辉煌，竭尽穷奢极侈之能事，著名的凡尔赛宫就是这种建筑风格的典型代表。这正是当时路易十四统治全欧充满力量和信心的表现。

我国古代的各类建筑，都有严格的等级规定。先秦古籍《考工记》中就规定了王城和诸侯城的规划方案，以后，又在《营缮令》等法令中明确规定了各种等级的人的建房规格。这就使得两千多年来，我国城市的规模和布局、各类建筑的体量和形式，大都方整划一，轴线贯穿，主从分明，层次井然，有稳定和谐的韵律感和建筑气氛，突出地体现了封建社会的政治伦理秩序观念。北京故宫作为明清两代的皇宫，是世界上现存最大、最完整的古代木结构建筑群。故宫的整个建筑强调居中为尊的伦理观念，它以自己卓越的建筑艺术形象深刻地体现出皇权至上、天子重威、封建大一统的主题思想，是一部用沉重的物质材料写就的别君臣、尊卑、内外的"政治伦理学"。

建筑艺术教育使政治伦理价值得以产生，盖因建筑艺术的形象、空间、意境、环境能使受教者产生联想、比拟和想象等形象思维活动，从而造成情绪上的激动。当受教者走进故宫，那壁垒森严的午门，那一字排开的千步廊，便不由自主地联想到历史上的帝王的残酷无情和不可一世；那雄伟的太和殿高高坐落在三层白石台基之上，殿内矗立的圆柱数不胜数，巨大的琉璃屋顶闪着金光，令人望而生畏，高不可攀的"天子"形象便油然而生。如果受教者去南京瞻仰中山陵，在拾阶而上的过程中，便会产生一种景仰敬慕之感。当受教者漫步天安门广场西侧，抬头仰望人民大会堂大理石擎天巨柱，会蓦然感到国家的强盛稳定、顶天立地、固若金汤。

（4）民族精神价值

建筑艺术教育还担负着振奋民族精神的任务，因而也具有民

族精神价值。民族精神是以爱国主义为核心、体现民族自尊心、自信心、自豪感的主体精神。中华民族的民族精神包括重德精神、自强精神、宽容精神、爱国精神等，体现在建筑中，就是要继承和发扬民族传统、珍视民族特色和民族气派。只有弘扬民族精神，才能立于世界民族之林。

几千年来，中国的建筑艺术一直保持自己独特的优良传统。秦汉时期的木构建筑早已不复存在，但它以文化积淀为根，以文脉相承的艺术风格还是深深地扎根于中华民族的沃土之中。坐落在北京西北城郊的圆明园，虽被外国侵略者付之一炬，但从那残垣断壁、石柱牌楼之中依然能够体味出当时建筑的精神所在，这是一种永恒的民族艺术精神。在现代科学技术飞速发展的今天，新型的建筑材料、新颖的审美情趣不断出现，但要把握的是民族艺术精神，这是建筑艺术生命的源泉。只有民族艺术的精神，才能让建筑艺术的创造力插上翅膀，振翅高飞，跨越无限的时空。

中国古代的万里长城，原本是一个巨大的防御性建筑工程，而在漫长的历史陶冶下，却成了一个伟大的民族文化工程，成了中华民族伟大的精神脊梁。它体现了民族的伟大意志力，在中华民族内部各民族走向融合的过程中，长城的历史存在，强烈地象征着这个民族所特具的凝聚力和向心力，长城所记录和反映的，是这个民族可贵的"天下家园"意识。作为世界七大建筑奇迹之一，它是中华民族建筑文化与整个民族精神的伟大背影。虽然，长城边的狼烟早已消散，铁马金戈的壮烈已成了历史，但长城文化所焕发的伟大精神却是不朽的，它穿越中国建筑艺术的"古典"隧道，照耀着未来之路。

2．科技价值

建筑是展现于大地的、以居住为主要目的的科技审美文化。科学技术因素与艺术审美因素共同熔铸成建筑艺术学科。因此，建筑艺术教育除具有审美功能外，同时还具有科技价值。

（1）建筑艺术是科技与艺术的融合体

建筑与纯艺术不同，它既具有科学技术因素又具有艺术审美因素，是兼有实用与审美、技术与艺术双重性能的空间造型的融合体。

建筑作为艺术与人类文明同步发展。建筑艺术的空间造型、风格特点，随着人类审美意识的演进和科学技术的进步，不断变化自己的形态，它是艺术与科技的混血儿。说它是艺术，它在美术范畴内是造型艺术的门类之一，从中国古代建筑的飞檐、照壁、雕梁、画栋，到近现代建筑的大型金属板、玻璃幕，在中外美术史上占有一席之地。但它所依托的则是科技这个载体。建筑结构与材料的性能有关，其造型原则应符合力学原理及其要求的尺度。建筑艺术的大地营造，一方面须遵循诸如对称、均衡、和谐、对比、多样统一等形式规律，其实这也是艺术形式美法则，所以建筑作为科技文化，与艺术有审美上的不解之缘。技术的极致，就是艺术的极致，在这里技术与艺术是相融通的。

建筑所以成为艺术，是其本身在人类历史发展的进程中不断总结历代建筑活动的审美经验，提高与建筑结构为一体的建筑工艺水平，在技术可行性与经济合理性条件下美化居住环境，创造出与自然景观交相辉映的人文景观，创造出符合时代精神、现代观念、民族特色的生活空间和各种功能要求的建筑形制或艺术作品。

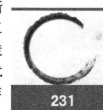

（2）建筑艺术教育与现代科技

强调建筑随时代发展而发展，在观念上顺应时代审美特征，材料上同工业化社会相适应，发挥钢铁、水泥、玻璃、铝合金、塑料、现代陶瓷等建筑材料的特长，采用新结构、新工艺技术，创造出反映时代精神的崭新建筑风格，已成为现当代建筑艺术发展的潮流。从伦敦玻璃栅式"水晶宫"开创现代建筑起，300米高钢铁框架的埃菲尔铁塔、悬索结构屋顶的日本代代木体育馆、形似管道流变系统的法国蓬皮杜文化中心、造型奇异的朗香教堂，以及美国摩天大楼、玻璃幕大厦、巴西议会大厦、华盛顿美术馆东馆、纽约古根汉姆美术馆、匹茨堡流水别墅、东京中银舱体楼、利雅得国际机场、墨西哥人类学博物馆、澳大利亚悉尼歌剧院、北京中国美术馆、上海金茂大厦、广州白天鹅宾馆等，其建筑形式都反映了新材料、新结构、新技术、新工艺和新型施工特点，是

现代社会和艺术的物质文化相统一的作品，鲜明地表现了新的时代精神和民族风格。

随着社会的进步和科技水平的提高，建筑材料不断更新，新建筑材料不断涌现，性能不断提高，标志着建筑材料的革命过程，使得建筑的造型日趋丰富，建筑形象更加多姿多彩，建筑风格也逐渐多样化。建筑造型的特点取决于建筑材料的运用，这是建筑艺术的根本特征之一。建筑色彩也是由所使用的材料决定的。随着新建筑材料的不断涌现，建筑物的色彩也越来越丰富多样。当今各色的陶瓷面砖、玻璃、铝板、不锈钢材料为建筑设计施工所利用，使现当代建筑有了缤纷别致的色彩效果，令我们观赏时目不暇接。在建筑材料的选择利用上，除了留心色彩以外，还要注意材料的功能性质，考虑到各种材料的防水、隔热、隔声、吸音等不同的功能。尤其是在选择现代金属材料和玻璃材料时不能只看到表面光滑细腻、高档华贵，还应对其光学特性、声学特性、热工特性等三大物理特性进行定位分析。

当今世界，高科技的发展对建筑设计和材料的发展，产生着越来越显著的影响。新型的张拉、悬挂，各种空间钢构架的结构形式，玻璃纤维及不锈钢、铝复合板等新材料及精密的节点设计和施工方法，已成为新现代主义建筑的重要特征。可以说，环境、生态、信息技术等当代高科技手段在建筑设计、施工中的应用，产生了新的结构形式、新的空间造型、新的色彩效果和新的施工构造方法。

建筑艺术教育在传达审美信息的同时，也传达着现时代科技信息，在给予受教者审美教育的同时，也给予他们科技教育，包括高新科技教育。建筑艺术教育的科技价值是毋庸置疑的。

图 片 索 引

TUPIAN SUOYIN

233

图片索引　建筑

第八章

图片索引　建筑

建筑艺术教育

主要参考文献

ZHUYAO CANKAO WENXIAN

黑格尔：《美学》，北京：商务印书馆1981版。

席勒：《审美教育书简》，北京：北京大学出版社1985版。

梁思成：《中国建筑史》，天津：百花文艺出版社1998版。

李泽厚：《走我自己的路》，北京：生活.读书.新知.三联书店1986版。

李泽厚：《美的历程》，天津：天津社会科学院出版社2001版。

杨恩寰：《美学引论》，北京：人民出版社2005版。

杨恩寰：《审美与人生》，沈阳：辽宁大学出版社1998版。

杨恩寰：《审美教育学》，沈阳：辽宁大学出版社1987版。

杨恩寰、梅宝树：《艺术学》，北京：人民出版社2001版。

贺志朴、姜敏：《艺术教育学》，北京：人民出版社2001版。

韩盼山：《书法艺术教育》，北京：人民出版式2001版。

吴廷玉、胡凌：《绘画艺术教育》，北京：人民出版社2001版。

杨文会：《环境艺术教育》，北京：人民出版社2003版。

王升平：《李泽厚美学思想研究》，沈阳：辽宁人民出版社1987版。

叶朗：《现代美学体系》，北京：北京大学出版社1986版。

王鸿江：《现代教育学》，天津：天津人民出版社1996版。

邢元敏：《素质教育读本》，天津：天津人民出版社1999版。

朱希祥：《中西美学比较》，上海：中国纺织大学出版社1998版。

蒋冰海：《美育学导论》，上海：上海人民出版社1990版。

仇春霖：《美育原理》，北京：中国青年出版社1988版。

李范：《美育基础》，北京：中国人民大学出版社1999版。

李丕显：《审美教育概论》，青岛：青岛海洋大学出版社1991版。

杜卫：《美育学概论》，北京：高等教育出版社1997版。

安徽师大美学教研室：《申美教育》，北京：光明日报出版社1987版。

李永燊、向叙典：《简明美育教程》，兰州：甘肃人民出版社1989版。

顾建华：《美育新编》，北京：北京出版社1991版。

顾建华等：《艺术引论》，北京：高等教育出版社1989版。

顾建华：《艺术鉴赏》，北京：北京出版社1993版。

顾建华等：《艺术鉴赏》，长沙：中南工业大学出版社1998版。

戚廷贵：《艺术美与欣赏》，长春：吉林人民出版社1984版。

陈洛加：《美术鉴赏》，北京：北京大学出版社2003版。

赵洪恩、辛鹤江：《艺术美育》，石家庄：河北美术出版社1988版。

赵洪恩：《审美概论》，北京：东方出版社1993版。

赵洪恩：《大学生审美导论》，天津：天津人民出版社1996版。

陈军、王哲平：《艺术审美简论》，南昌：江西美术出版社1990版。

鱼风玲：《美育》，北京：中国科学技术出版社2003版。

乔修业：《旅游美学》，天津：南开大学出版社1990版。

方珊：《诗意的栖居——建筑美》，石家庄：河北少儿出版社2003版。

归庠、王小舟、孙颖：《建筑艺术理解》，北京：中国水利水电出版社2001版。

郑先友：《建筑艺术》，合肥：安徽美术出版社2003版。

钱正坤：《世界建筑史话》，北京：国际文化出版公司1999版。

罗小未、蔡琬英：《外国建筑历史图说》，上海：同济大学出版1986版。

章迎尔、徐亮、包海泠、蒋巍：《西方古典建筑与近现代建筑》，天津：天津大学出版2000版。

卜德清、唐子颖、刘培善、宋效巍：《中国古代建筑与近现代建筑》，天津：天津大学出版社2000版。

王振复：《中国建筑的文化历程》，上海：上海人民出版社2000版。

主要参考文献

建筑

王振复:《中华意匠》,上海:复旦大学出版社2001版。

王振复:《大地上的"宇宙"》,上海:复旦大学出版社2002版。

杨飞:《中国建筑》,北京:中国文史出版社2004版。

朱永春、赵伟、孙宗伟、金磊、杨永生:《中国建筑精华》,北京:中国建筑工业出版社1999版。

建筑园林城市规划编辑委员会:《中国大百科全书(建筑·园林·城市规划卷)》,北京:中国大百科出版社1988版。

[美]弗朗西斯.D.K.钦:《建筑:形式·空间和秩序》,北京:中国建筑工业出版社1987版。

[美]约翰.波特曼、乔纳森.巴尼特:《波特曼的建筑理论与事业》,北京:中国建筑工业出版社1982版。

王受之:《世界现代建筑史》,北京:中国建筑工业出版社1999版。

童寯:《新建筑与流派》,北京:中建筑工业出版社1980版。

彭一刚:《建筑空间组合论》,北京:中国建筑工业出版社1983版。

同济大学、清华大学、南京工学院、天津大学:《外国近现代建筑史》,北京:中国建筑工业出版社1979版。

陈志华:《外国建筑史(19世纪末叶以前)》,北京:中国建筑工业出版社1997版。

中国建筑史编写组:《中国建筑史》,北京:中国建筑工业出版社1986版。

刘育东:《建筑的涵义》,天津:天津大学出版社1999版。

世界建筑编辑部:《世界建筑9603》,北京:世界建筑出版社1996版。

勒孔德:《巴黎》,巴黎:勒孔德出版社2001版。

Charles Jenks:《Architecture Today》, New York: Abrams 1998版。

北京市规划委员会、北京城市规划学:《北京十大建筑设计》,天津:天津大学出版2002版。

[法]勒·柯布西耶:《走向新建筑》,北京:中国建筑工业出版社1981版。

[日]渊上正幸:《世界建筑师的思想和作品》,北京:中国建筑工业出版社2000版。

后 记

　　《建筑艺术教育》一书是为贯彻德、智、体、美等全面发展的教育方针，加强对青年学生的素质教育而编写的。它适用于普通高等学校开设艺术教育课程的需要，同时也可作为中等以上各级各类学校学生和其他读者朋友用以提高综合素质的读物。我们力求以马克思主义理论为指导，将科学精神与人文精神结合起来，将学术性与可读性结合起来，尽可能做到通俗易懂、深入浅出、开卷有益。

　　经过一年半的苦心孤诣的劳作，现在总算脱稿了。对于我们来说，这是一个有一定难度的新课题。因为本书的研究对象不是建筑，也不是建筑艺术，而是建筑艺术教育，其着眼点在教育，在素质教育。比较系统地从教育的角度审视和把握建筑艺术对象，这在前人还是较少涉及的。我们今天所做的，也只是一种尝试。至于角度的把握和分寸的拿捏是否恰当，所做的尝试是否成功，是否能达到预期的目的，那就要靠专家、读者的评判和实践

的检验了。

　　本书是作者之间通力合作的成果。按照分工，张敕承担第二章、第三章、第七章、第八章、第四章第三节、第五章第四节的写作任务；赵洪恩承担第一章、第四章第一、二节、第五章的第一、二、三节、第六章、第九章、第十章、前言和后记的写作任务，然后交互审阅、修改。写作提纲由赵洪恩草拟，图片由张敕选定制作。张、赵二人分别从事建筑学和审美教育的教学与研究，具有较强的互补性。史广政、李成明提供了第六章、第五章第一、二、三节的初稿，孙富和提供了第十章的初稿，梁然、张罡除了提供部分章节的初稿外，还做了大量其他工作。

　　本书也是作者与主编、编著者与出版社真诚协作的结晶，同时凝结着前人与时人的心血。《丛书》主编杨恩寰、梅宝树两先生从策划立意、总体设计、提纲拟定、书稿审改各个环节自始至终给予了悉心指导和教正。人民出版社从注重社会效益的长远眼光出发，对学术文化建设和青年学生素质教育给予了积极扶植和大力支持，编校、排版、制作、发行人员为本书的出版面世付出了艰辛的劳动。

　　本书在写作过程中，广泛参考了诸多专家学者的论著，吸收了他们的研究成果，对这些论著，本书均收入书后的参考文献中（包括图片）；直接引用的，均已注出；如有遗漏，还请谅解。对上述所有支持和帮助，在此一并表示衷心感谢！

　　如上所说，建筑艺术教育还是方兴未艾的新课题，还需要不断发展和完善，加之我们学识水平所限，资料掌握不足，撰写过程又时断时续，非一人一时所写，书中错讹、疏漏恐难避免，文字风格也不尽一致，热切希望读者批评、指正，使之不断完善。诚如《丛书》主编在总序中所说：一本好书，不断修改完善的书，必是著作者、编辑者、出版者与广大读者的共同创造。

作者

2005 年 11 月 16 日初稿

2007 年 10 月 28 日改定

策划编辑:柯尊全
责任编辑:张益刚
装帧设计:徐　晖
责任校对:张　彦

图书在版编目(CIP)数据

建筑艺术教育/张　敕　赵洪恩　著. -北京:人民出版社,2008.10
(艺术教育丛书/杨恩寰 梅宝树　主编)
ISBN 978 - 7 - 01 - 007251 - 7

Ⅰ. 建…　Ⅱ. ①张…②赵…　Ⅲ. 建筑艺术　Ⅳ. TU - 8

中国版本图书馆 CIP 数据核字(2008)第 130757 号

建 筑 艺 术 教 育
JIANZHU YISHU JIAOYU

张　敕　赵洪恩　著

人民出版社 出版发行
(100706　北京朝阳门内大街 166 号)

北京瑞古冠中印刷厂印刷　新华书店经销

2008 年 10 月第 1 版　2008 年 10 月北京第 1 次印刷
开本:710 毫米×1000 毫米 1/16　印张:16.75

ISBN 978 - 7 - 01 - 007251 - 7　定价:31.00 元

邮购地址 100706　北京朝阳门内大街 166 号
人民东方图书销售中心　电话 (010)65250042　65289539